国家职业技能等级认定培训教材

高技能人才培养用书

茶艺师试题库

（初级、中级、高级、技师、高级技师）

国家职业技能等级认定培训教材编审委员会　组编

主　编◎马淳沂　林晓虹　周爱东
副主编◎杨　岳　费　璠　钱俏枝　李园莉
参　编◎孙　洁　马秀芝　李晓霞　金郁芳　谈书畅
　　　　彭雅婷　姬锁兰　马天昕　田芮彤　姜　琦
　　　　陈燕冰　李　晨　赵　璟

机械工业出版社

本书以《国家职业技能标准 茶艺师》（2018年版）为指导，介绍国家题库的命题思路、考核形式，并给出大量试题供参考。本书分为考核指导、理论与操作技能考试要求、理论知识考核指导、操作技能考核指导、论文和技术总结、模拟试卷等几部分。其中，理论知识模拟试卷附有答案，操作技能模拟试卷附有评分标准。

本书可作为相应等级的茶艺师参加职业技能等级认定的考前复习用书，也可作为各级职业技能等级认定培训机构、企业培训部门、职业技术院校、技工学校，以及茶艺师培训班等级认定考核命题的参考书。

扫描书中二维码，获取更多理论知识模拟试卷及答案，以及操作技能模拟试卷及评分标准。

图书在版编目（CIP）数据

茶艺师试题库：初级、中级、高级、技师、高级技师 / 马淳沂，林晓虹，周爱东主编. -- 北京：机械工业出版社, 2025. 2. -- (国家职业技能等级认定培训教材)(高技能人才培养用书). -- ISBN 978-7-111-78449-4

I. TS971.21-44

中国国家版本馆CIP数据核字第2025C1S625号

机械工业出版社（北京市百万庄大街22号　邮政编码100037）
策划编辑：范琳娜　　　　　　　责任编辑：范琳娜　卢志林
责任校对：颜梦璐　李可意　景　飞　　责任印制：单爱军
北京盛通印刷股份有限公司印刷
2025年7月第1版第1次印刷
184mm×260mm · 12.25印张 · 295千字
标准书号：ISBN 978-7-111-78449-4
定价：49.80元

电话服务　　　　　　　　　网络服务
客服电话：010-88361066　　机　工　官　网：www.cmpbook.com
　　　　　010-88379833　　机　工　官　博：weibo.com/cmp1952
　　　　　010-68326294　　金　书　网：www.golden-book.com
封底无防伪标均为盗版　　　机工教育服务网：www.cmpedu.com

国家职业技能等级认定培训教材

编审委员会

主　任　李　奇　荣庆华
副主任　姚春生　林　松　苗长建　尹子文
　　　　周培植　贾恒旦　孟祥忍　王　森
　　　　汪　俊　费维东　邵泽东　王琪冰
　　　　李双琦　林　飞　林战国
委　员（按姓氏笔画排序）
　　　　于传功　王　新　王兆晶　王宏鑫
　　　　王荣兰　卞良勇　邓海平　卢志林
　　　　朱在勤　刘　涛　纪　玮　李祥睿
　　　　李援瑛　吴　雷　宋传平　张婷婷
　　　　陈玉芝　陈志炎　陈洪华　季　飞
　　　　周　润　周爱东　胡家富　施红星
　　　　祖国海　费伯平　徐　彬　徐丕兵
　　　　唐建华　阎　伟　董　魁　臧联防
　　　　薛党辰　鞠　刚

序

新中国成立以来，技术工人队伍建设一直得到了党和政府的高度重视。20世纪五六十年代，我们借鉴苏联经验建立了技能人才的"八级工"制，培养了一大批身怀绝技的"大师"与"大工匠"。"八级工"不仅待遇高，而且深受社会尊重，成为那个时代的骄傲，吸引与带动了一批批青年技能人才锲而不舍地钻研技术、攀登高峰。

进入新时期，高技能人才发展上升为兴企强国的国家战略。从2003年全国第一次人才工作会议，明确提出高技能人才是国家人才队伍的重要组成部分，到2010年颁布实施《国家中长期人才发展规划纲要（2010—2020年）》，加快高技能人才队伍建设与发展成为举国的意志与战略之一。

习近平总书记强调，劳动者素质对一个国家、一个民族发展至关重要。技术工人队伍是支撑中国制造、中国创造的重要基础，对推动经济高质量发展具有重要作用。党的十八大以来，党中央、国务院健全技能人才培养、使用、评价、激励制度，大力发展技工教育，大规模开展职业技能培训，加快培养大批高素质劳动者和技术技能人才，使更多社会需要的技能人才、大国工匠不断涌现，推动形成了广大劳动者学习技能、报效国家的浓厚氛围。

2019年国务院办公厅印发了《职业技能提升行动方案（2019—2021年）》，目标任务是2019年至2021年，持续开展职业技能提升行动，提高培训针对性实效性，全面提升劳动者职业技能水平和就业创业能力。三年共开展各类补贴性职业技能培训5000万人次以上，其中2019年培训1500万人次以上；经过努力，到2021年底技能劳动者占就业人员总量的比例达到25%以上，高技能人才占技能劳动者的比例达到30%以上。

目前，我国技术工人（技能劳动者）已超过2亿人，其中高技能人才超过5000万人，在全面建成小康社会、新兴战略产业不断发展的今天，建设高技能人才队伍的任务十分重要。

机械工业出版社一直致力于技能人才培训用书的出版，先后出版了一系列具有行业影响力、深受企业、读者欢迎的教材。欣闻配合新的《国家职业技能标准》又编写了"国家职业技能等级认定培训教材"。这套教材由全国各地技能培训和考评专家编写，具有权威性和代表性；将理论与技能有机结合，并紧紧围绕《国家职业技能标准》的知识要求和技能要求编写，实用性、针对性强，既有必备的理论知识和技能知识，又有考核鉴定的理论和技能题库及答案；而且这套教材根据需要为部分教材配备了二维码，扫描书中的二维码便可观看相应资源；这套教材还配合天工讲堂开设了在线课程、在线题库，配套齐全，编排科学，便于培训和检测。

这套教材的出版非常及时，为培养技能型人才做了一件大好事，我相信这套教材一定会为我国培养更多更好的高素质技术技能型人才做出贡献！

中华全国总工会副主席

高凤林

前 言

20世纪70年代中期，我国台湾地区的茶艺开始传入大陆，从那时起，海峡两岸掀起了一股茶文化的潮流。到今天，茶文化已经成为全国性的时尚文化，并且影响全球。20世纪90年代，茶艺师的培训及职业技能鉴定在浙江、上海等地率先开展，茶艺师这个职业进而列入《中华人民共和国职业分类大典》，如今全国各地茶艺师的培训及职业教育方兴未艾，各个等级的茶艺比赛也如火如荼，因此，读者迫切需要茶艺培训、考试的教材。

按照2019年颁布的《国家职业技能标准 茶艺师》相关内容要求，笔者团队完成了《茶艺师》的基础知识、初级、中级、高级、技师与高级技师的教材编写工作并于2022年出版。根据读者的反馈及需求，2023年我们又启动了本书的编撰工作。

因国内茶艺师工种的考试是各省自主出题，题量的类型、难度各不相同，为了兼顾各个省份的具体情况，我们邀请了很多资深的茶艺老师来分担各个级别的写作任务。除原教材编撰组的专家老师外，我们又吸收了几位在茶艺教学上有丰富经验的专家加入进来。其中"初级（五级）"部分由杨岳团队编写，"中级（四级）"部分由钱俏枝团队编写，"高级（三级）"部分由费璠团队编写，"技师（二级）"部分由马淳沂团队编写，"高级技师（一级）"部分由林晓虹团队编写。周爱东和李园莉通篇审核了题库教材的编撰并提出宝贵的指导意见；李晨、田芮彤、马天昕等在排版、校对、外语翻译等方面提供了重要的帮助。

随着茶艺的不断发展，茶宴、茶会活动、茶空间、茶山之旅、调饮与花草茶等新的形式也不断出现并且逐步成为茶产业和茶营销的重要因子。基于这个考虑，我们在按照《国家职业技能标准 茶艺师》要求的前提下，加大了对以上项目的融合力度，我们专门邀请了南京的张静老师在茶事活动和茶山之旅的专题中予以把关；镇江市中艺文化传播中心的李玮玲、张杰、张弦等老师对茶会活动组织等内容的题目进行了专题的审核；还邀请了中国农业科学院蚕业研究所的任永利研究员，她本着专业精神在题库中对代茶产品的题目进行了认真把关。在西北少数民族茶艺的题目上，宁夏茶叶流通协会的赵天佑会长给予了很多帮助。在此一并表示感谢！参与编写创作的老师们来自北京、天津、上海、湖南、内蒙古、江苏、四川、重庆、广东、福建、贵州、陕西、宁夏等省市，从内容的普适性来说，基本可以满足我国各个地区茶艺教学的需要。

各位读者在使用本教材时，如觉得尚有可取之处，完全得益于前辈学者们的研究成果，我们是站在各位前辈的肩膀上完成的这项工作；如有错误也欢迎各位读者批评指正。

编 者

作者介绍

主编

马淳沂，镇江雨泰茶业有限公司总经理、镇江市中艺教育培训中心负责人，具备高级评茶师、茶艺技师职业资格，被江苏省人民政府授予"江苏工匠"和"江苏技能大师"荣誉称号。主持研发的"甘露翠螺"茶加工方法获得国家发明专利授权和国家星火计划立项，荣获镇江市科技进步奖。担任茶艺师和评茶师、制茶师等工种职业技能等级认定高级考评员，历任全国、省、市茶相关工种职业技能大赛裁判员。

林晓虹，深耕茶文化与茶艺、茶叶审评教学15余年。国家一级茶艺师、国家一级评茶师，国家茶艺竞赛裁判、国家评茶竞赛裁判、国家职业技能等级认定（茶艺师、评茶师）高级考评员及督导员，深圳市国际茶艺协会副会长、深圳市茶都品牌促进会（茶促会）副会长，多次担任省市级茶艺大赛、评茶大赛裁判，历任国际工夫茶冲泡大赛裁判、国际武林斗茶大赛裁判。

周爱东，扬州大学教师，从事茶文化与茶艺教学20多年，具备茶艺技师、评茶技师、茶艺师高级考评员资格。中华儿童文化艺术促进会"茶文化教育体验中心"专家、江苏省茶文化讲师团成员、扬州市茶文化艺术协会副会长，多次担任省市级茶艺大赛裁判。出版相关教材及专著《茶艺赏析》《茶馆经营管理实务》《扬州饮食史话》，并在相关期刊上发表过多篇论文。

副主编

杨岳，吉利学院教师，国家二级茶艺技师。《中国茶叶行业发展报告》编委、中国茶叶流通协会茶文化教育教师工作委员会委员、全国青少年茶文化大赛评委、"马连道杯"全国茶艺表演大赛初赛及决赛评委。

费璠，湖南大众传媒学院副教授，发表论文20余篇；国家二级茶艺师，湖南省高职院校中华茶艺技能竞赛优秀指导老师、湖南卫视《天天向上》栏目特聘茶艺师、全国"最美茶艺师"评委，茶艺师高级考评员。

钱俏枝，宜兴市茶文化职业培训学校法人。江苏省茶叶学会"茶叶职业技能等级认定"宜兴认定站站长。从事茶行业20余年，2021年获省茶艺大赛个人赛一等奖，获得茶艺师、评茶师高级考评员资格。

李园莉，江苏省技术能手、茶艺师高级技师、全国茶艺大赛优秀指导教师、全国茶艺竞赛裁判员、中华优秀茶教师、省级优秀指导教师、省先进工作者、省优秀茶文化工作者、省茶文化讲师团讲师。

目 录

序
前言
作者介绍

项目 1 考核指导

- 1.1 茶艺师职业简介 ··· 1
  - 1.1.1 职业概况 ··· 1
  - 1.1.2 职业技能鉴定要求 ································· 1
- 1.2 茶艺师技能等级评价鉴定方案 ·················· 2
  - 1.2.1 鉴定方式 ··· 2
  - 1.2.2 监考人员、考评人员与考生配比 ········· 3
  - 1.2.3 鉴定时间 ··· 3
  - 1.2.4 鉴定场所设备 ··· 3

项目 2
理论与操作技能考试要求

2.1 理论知识考情观察 4
2.1.1 考核思路 4
2.1.2 组卷方法 4
2.1.3 试卷结构 4
2.1.4 考核时间与要求 5
2.1.5 应试技巧及学习方法 5

2.2 理论知识鉴定要素 6
2.2.1 茶艺师（五级）理论知识鉴定要素 6
2.2.2 茶艺师（四级）理论知识鉴定要素 13
2.2.3 茶艺师（三级）理论知识鉴定要素 21
2.2.4 茶艺师（二级）理论知识鉴定要素 28
2.2.5 茶艺师（一级）理论知识鉴定要素 35

2.3 操作技能考情观察 43
2.3.1 考核思路 43
2.3.2 组卷方法 43
2.3.3 试卷结构 43
2.3.4 考核时间与要求 44
2.3.5 鉴定场所设备 44

2.4 操作技能鉴定要素 44
2.4.1 茶艺师（五级）操作技能鉴定要素 44
2.4.2 茶艺师（四级）操作技能鉴定要素 46
2.4.3 茶艺师（三级）操作技能鉴定要素 48
2.4.4 茶艺师（二级）操作技能鉴定要素 50
2.4.5 茶艺师（一级）操作技能鉴定要素 51

项目 3 理论知识考核指导

3.1 职业道德 ·· 54
    3.1.1 职业道德考核要点 ························· 54
    3.1.2 模拟题 ······································ 54

3.2 基础知识 ·· 56
    3.2.1 基础知识考核要点 ························· 56
    3.2.2 模拟题 ······································ 56

3.3 接待准备 ·· 64
    3.3.1 接待准备考核范围和考核要点 ············ 64
    3.3.2 模拟题 ······································ 65

3.4 茶艺服务 ·· 67
    3.4.1 茶艺服务考核范围和考核要点 ············ 67
    3.4.2 模拟题 ······································ 68

3.5 茶间服务 ·· 70
    3.5.1 茶间服务考核范围和考核要点 ············ 70
    3.5.2 模拟题 ······································ 71

3.6 茶艺馆创意 ·· 72
    3.6.1 茶艺馆创意考核范围和考核要点 ········· 72
    3.6.2 模拟题 ······································ 72

3.7 茶饮服务 ·· 74
    3.7.1 茶饮服务考核范围和考核要点 ············ 74
    3.7.2 模拟题 ······································ 74

3.8 茶事活动 ·· 76
    3.8.1 茶事活动考核范围和考核要点 ············ 76
    3.8.2 模拟题 ······································ 77

3.9 茶事创作 ·· 78
    3.9.1 茶事创作考核范围和考核要点 ············ 78
    3.9.2 模拟题 ······································ 79

3.10 业务管理（茶事管理） ························· 80
    3.10.1 业务管理考核范围和考核要点 ·········· 80
    3.10.2 模拟题 ····································· 81

项目 4
操作技能考核指导

4.1 接待准备···85
 4.1.1 接待准备考核范围和技能要求·················85
 4.1.2 模拟题···86
4.2 茶艺服务···88
 4.2.1 茶艺服务考核范围和技能要求·················88
 4.2.2 模拟题···89
4.3 茶间服务···90
 4.3.1 茶间服务考核范围和技能要求·················90
 4.3.2 模拟题···91
4.4 茶艺馆创意··94
 4.4.1 茶艺馆创意考核范围和技能要求··············94
 4.4.2 模拟题···94
4.5 茶饮服务···95
 4.5.1 茶饮服务考核范围和技能要求·················95
 4.5.2 模拟题···95
4.6 茶事活动···97
 4.6.1 茶事活动考核范围和技能要求·················97
 4.6.2 模拟题···97
4.7 茶事创作···98
 4.7.1 茶事创作考核范围和技能要求·················98
 4.7.2 模拟题···99
4.8 业务管理（茶事管理）································100
 4.8.1 业务管理考核范围和技能要求················100
 4.8.2 模拟题··101

项目 5
论文和技术总结

5.1 论文 ··· 104
 5.1.1 论文选题 ··· 104
 5.1.2 论文撰写要求 ··· 104
 5.1.3 论文格式要求 ··· 104
 5.1.4 论文提交方式 ··· 105
 5.1.5 论文格式样例 ··· 105
5.2 技术总结 ··· 108
 5.2.1 个人技术总结样例 ··· 108
 5.2.2 业绩（技术工作总结）考核评分表样例 ········· 110

理论知识模拟试卷及答案 ················ 111

茶艺师（五级）理论知识模拟试卷 ················· 111
茶艺师（五级）理论知识模拟试卷答案 ············ 119
茶艺师（四级）理论知识模拟试卷 ················· 120
茶艺师（四级）理论知识模拟试卷答案 ············ 127
茶艺师（三级）理论知识模拟试卷 ················· 127
茶艺师（三级）理论知识模拟试卷答案 ············ 135
茶艺师（二级）理论知识模拟试卷 ················· 136
茶艺师（二级）理论知识模拟试卷答案 ············ 143
茶艺师（一级）理论知识模拟试卷 ················· 143
茶艺师（一级）理论知识模拟试卷答案 ············ 150

操作技能模拟试卷······151

茶艺师（五级）操作技能模拟试卷······151
茶艺师（四级）操作技能模拟试卷······157
茶艺师（三级）操作技能模拟试卷······164
茶艺师（二级）操作技能模拟试卷······170
茶艺师（一级）操作技能模拟试卷······177

参考文献······184

说　明

扫描以下二维码，获取更多理论知识模拟试卷及答案，以及操作技能模拟试卷及评分标准。

项目 1

考核指导

1.1 茶艺师职业简介

1.1.1 职业概况

根据《国家职业技能标准 茶艺师》的相关定义，其职业名称为"茶艺师"，职业编码为"4-03-02-07"。

其职业定义：在茶室、茶楼等场所，展示茶水冲泡流程和技巧，以及传播品茶知识的人员。

茶艺师职业共设五个等级，分别为：五级/初级工、四级/中级工、三级/高级工、二级/技师、一级/高级技师。

职业环境条件为：室内，常温，无异味。职业环境包括：茶馆、茶艺馆及称为茶坊、茶社、茶座的品茶、休闲场所；茶庄、宾馆、酒店等区域内设置的用于品茶、休闲的场所；茶空间、茶书房、茶体验馆等适用于品茶、休闲的场所。

茶艺师的职业能力特征：具有良好的语言表达能力，一定的人际交往能力，较好的形体知觉能力与动作协调能力，较敏锐的色觉、嗅觉和味觉。

初中以上（或相当于初中以上）受教育程度者，即可从事初级茶艺师相关工作。

1.1.2 职业技能鉴定要求

根据《国家职业技能标准 茶艺师》的相关规定，茶艺师工种的职业技能鉴定要求如下。

1. 具备以下条件之一者，可申报五级/初级工

1）累计从事本职业或相关职业工作1年（含）以上。

2）本职业或相关职业学徒期满。

2. 具备以下条件之一者，可申报四级 / 中级工

1）取得本职业或相关职业五级 / 初级工职业资格证书（技能等级证书）后，累计从事本职业工作 4 年（含）以上。

2）累计从事本职业或相关职业工作 6 年（含）以上。

3）取得技工学校本专业或相关专业毕业证书（含尚未取得毕业证书的在校应届毕业生）；或取得经评估论证、以中级技能为培养目标的中等及以上职业学校本专业或相关专业毕业证书（含尚未取得毕业证书的在校应届毕业生）。

3. 具备以下条件之一者，可申报三级 / 高级工

1）取得本职业或相关职业四级 / 中级工职业资格证书（技能等级证书）后，累计从事本职业或相关职业工作 5 年（含）以上。

2）取得本职业或相关职业四级 / 中级工职业资格证书（技能等级证书），并具有高级技工学校、技师学院毕业证书（含尚未取得毕业证书的在校应届毕业生）；或取得本职业或相关职业四级 / 中级工职业资格证书（技能等级证书），并具有经评估论证、以高级技能为培养目标的高等职业学校本专业或相关专业毕业证书（含尚未取得毕业证书的在校应届毕业生）。

3）具有大专及以上本专业或相关专业毕业证书，并取得本职业或相关职业四级 / 中级工职业资格证书（技能等级证书）后，累计从事本职业或相关职业工作 2 年（含）以上。

4. 具备以下条件之一者，可申报二级 / 技师

1）取得本职业或相关职业三级 / 高级工职业资格证书（技能等级证书）后，累计从事本职业或相关职业工作 4 年（含）以上。

2）取得本职业或相关职业三级 / 高级工职业资格证书（技能等级证书）的高级技工学校、技师学院毕业生，累计从事本职业或相关职业工作 3 年（含）以上；或取得本职业预备技师证书的技师学院毕业生，累计从事本职业或相关职业工作 2 年（含）以上。

5. 具备以下条件之一者，可申报一级 / 高级技师

取得本职业二级 / 技师职业资格证书（技能等级证书）后，累计从事本职业或相关职业工作 4 年（含）以上。

1.2 茶艺师技能等级评价鉴定方案

1.2.1 鉴定方式

鉴定方式分为理论知识考试、技能考核及综合评审。

理论知识考试以笔试、机考等方式为主，主要考核从业人员从事本职业应掌握的基本要求和相关知识要求。

技能考核主要采用现场操作、模拟操作等方式进行，主要考核从业人员从事本职业应具备的技能水平。

综合评审主要针对技师和高级技师，通常采取审阅申报材料、答辩等方式进行全面评议和审查。

理论知识考试、技能考核和综合评审均实行百分制，成绩皆达 60 分（含）以上者为合格。

1.2.2 监考人员、考评人员与考生配比

理论知识考试中的考试监考人员与考生配比不低于 1∶15，且每个考场不少于 2 名监考人员；技能考核中的考评人员与考生配比为 1∶3，且考评人员为 3 人（含）以上单数；综合评审委员为 3 人（含）以上单数。

1.2.3 鉴定时间

理论知识考试时间为 90 分钟。

技能考核时间：五级/初级工、四级/中级工、三级/高级工不少于 20 分钟，二级/技师、一级/高级技师不少于 30 分钟。

综合评审时间不少于 20 分钟。

1.2.4 鉴定场所设备

理论知识考试在标准教室内进行；技能考核在具备品茗台且采光及通风条件良好的品茗室或教室、会议室进行，室内应有泡茶（饮茶）主要用具、茶叶、音响和投影仪等相关辅助用品。

项目 2 理论与操作技能考试要求

2.1 理论知识考情观察

2.1.1 考核思路

根据《国家职业技能标准 茶艺师》的要求，各等级茶艺师应达到相应的学习目标，其考核思路也根据相应的目标而设立。技能要求和相关知识要求依次递进，高级别涵盖低级别。

2.1.2 组卷方法

茶艺师理论知识国家题库采用计算机自动生成试卷的方式，即计算机按照本职业等级的《理论知识鉴定要素细目表》的结构特征，使用统一的组卷模型，从题库中随机抽取相应试题组成试卷。有的省市和地区还有特色题库，可以按规定比例和国家题库一起组卷。试卷组成后，应经专家审核，更换不适用的试题。

2.1.3 试卷结构

茶艺师理论知识考试实行百分制，采用闭卷考试的方式，成绩达到 60 分（含）以上为合格。

试卷的结构以《国家职业技能标准 茶艺师》和《中华人民共和国职业技能鉴定规范》为依据，并充分考虑当前我国的社会生产发展水平和茶艺师相关工作对从业者在知识、能力和心理素质等多方面的要求。试题以中等难度为主，约占总题量的 70%；难度低的试题约占 20%；难度高的试题约占 10%。在理论知识细目表中分别以"重要为 X、较重要为 Y、一般重要为 Z"表示。

基本结构：理论知识考试满分为100分。三、四、五级题型主要有选择题（单项选择和多项选择）和判断题，在部分省市二级和一级题型有选择题（单项选择和多项选择）、判断题、简答题和论述题。

2.1.4 考核时间与要求

（1）考核时间　理论知识考核时间均为90分钟。

（2）考核要求

1）采用试卷答题时，选择题应按要求在试题前面的括号中填写正确选项的字母；判断题应根据对试题的分析判断，在括号中画"√"或"×"。

2）采用答题卡答题时，按要求直接在答题卡上选择相应的答案处涂成黑色即可。

3）采用计算机考试时，按要求点击选定的答案即可。

具体答题要求，在考试前，监考人员会作详细说明。

2.1.5 应试技巧及学习方法

茶艺师理论知识考试应在标准教室内进行。

考生要想取得理想的成绩，通过认真地学习和复习来掌握考试要求的知识是必要条件，但是掌握适当的应试技巧也是必不可少的。下面介绍的应试技巧，如命题视角、答题要求和答题技巧等，考生在复习、考试时也要高度重视。

在应试过程中，应合理安排答题时间，茶艺师的理论知识考试时间均为90分钟，选择题答题时间宜控制在60分钟左右，判断题答题时间宜控制在20分钟左右，最后留10分钟为检查时间。

答题时要按照"先易后难"的原则依次答题，对个别一时不能解答的难题可先跳过，待整套试卷做完检查时再考虑作答。千万不要为一道难题钻牛角尖，浪费过多的时间。

1. 选择题

对于选择题而言，大部分题目难度不是很大，一道题目有4个备选项（多选题为5个），其中只有1个选项是正确的（多选题至少有2个），需将正确选项的字母填入括号内。选择题的注意事项如下。

1）如果有把握确定正确答案，可以直接挑选。

2）如果无法确定正确答案，可以采用排除法（将没有见过的选项、不合常理的选项及说法相同的选项排除）。

3）如果遇到不熟悉考点的题目，要仔细阅读题干，找出关键点，进行合理的猜测，也可以联系相关知识或结合现实来猜测。

4）即使对某道题一无所知，单选题也不能空着，可以猜测一个选项。

5）对于一些计算性质的题目，需要从题目要求入手，寻找相关资料。

6）有些题目比较抽象，可以将抽象问题具体化。

2. 判断题

判断题通常不是以问题的形式出现，而是以陈述句的形式出现，要求应试者判断一条事实的准确性，或判断两条或两条以上的事实、事件和概念之间关系的正确性。判断题中常常含有绝对概念或相对概念的词。表示绝对概念的词有"总是""一律"等，表示相对概念的词有"通常""一般来说""多数情况下"等，了解这一点，将为确定正确答案提供帮助。判断题的注意事项如下。

1）命题中含有绝对概念的词，这道题很可能是错的。统计表明，带有绝对概念词的命题，"√"的可能性远远小于"×"的可能性。对含有绝对概念词的命题没有把握时，想一想是否有什么理由来证明它是正确的，如果找不出任何理由，"×"就是最佳的答案。

2）命题中如含有相对概念的词，那么这道题很可能是对的。

3）只要命题中有一处错误，该命题就全错。

4）酌情猜测。实在无法确定答案的，在有时间的情况下，多审几次题，尽可能把猜测的结果填上，说不定会有意外的收获。

考生要想取得理想的成绩，掌握好的学习和复习方法也很重要。

1）可以系统地甚至粗略地把教材通读一遍。通读完教材后，接下来的任务是精研细读，循序渐进，一步一个脚印，不放过每个环节，并认真做好笔记。对每个鉴定点的内容，哪些问题应该掌握，哪些内容只作为一般了解，哪些要点要熟练精通，通过复习后也就一目了然了。例如，理论知识部分在每个单元中都有考核要点表，表中列举了考核类型、考核范围、考核要点、重要程度。

2）多做练习，熟能生巧。每个单元后面都配有大量的模拟题，这些题是根据鉴定点精选出来的，每个鉴定点的题基本上安排了 3~4 道。通过练习，可以加深记忆。

3）听课辅导是必不可少的，但在听课之前，自己应当先自学一遍，做到带着问题听课，课后再花时间消化理解，效果就会大不一样。另外，辅导老师讲课只能作重点辅导，帮助学员理解，而不可能逐条、逐项细读慢讲。在老师的指导下，学员只有自己去精读钻研，才能加深理解，牢固掌握应考知识。这就是所谓的突出重点，兼顾一般。

4）用心复习，不要被动，要主动。

5）尽量不要临时抱佛脚，平时多学、多记、多练。

2.2　理论知识鉴定要素

2.2.1　茶艺师（五级）理论知识鉴定要素

茶艺师（五级）理论知识标准比重与鉴定要素细目见表 2-1。

表 2-1　茶艺师（五级）理论知识标准比重与鉴定要素细目

序号	鉴定范围及比重 一级	鉴定范围及比重 二级	鉴定范围及比重 三级	代码	名称	重要程度
1	基本要求（50%）	职业道德（5%）	职业道德基本知识（3%）	001	职业道德的概念	X
2				002	职业道德的重要性	X
3				003	社会主义职业道德	Y
4				004	社会主义职业道德的基本原则	Y
5				005	茶艺师的职业道德	Y
6			职业守则（2%）	001	热爱专业，忠于职守	X
7				002	遵纪守法，文明经营	X
8				003	礼貌待客，热情服务	Y
9				004	真诚守信，一丝不苟	X
10				005	钻研业务，精益求精	X
11		基础知识（45%）	茶文化基础知识（10%）	001	中国茶的源流	Y
12				002	饮茶方法的演变	Y
13				003	饮茶起源的三种假说	X
14				004	中国茶叶制茶方法的演变	Y
15				005	中国饮茶方法的演变	Y
16				006	茶与传统文学	Y
17				007	茶与书画艺术	Y
18				008	宗教茶文化精神	Y
19				009	中国儒家茶文化精神	Z
20				010	汉族饮茶风俗	Y
21				011	西北和满蒙茶俗	Z
22				012	西南茶俗	Y
23				013	茶文化非遗保护的意义	Y
24				014	传统茶叶类非遗	Y
25				015	其他茶相关非遗	Y
26				016	茶外传的路径	Y
27				017	茶种与制茶法的输出	Y
28				018	被茶改变的世界	Y
29				019	日本茶道	Y
30				020	韩国茶礼	Y

（续）

序号	鉴定范围及比重			鉴定点		
	一级	二级	三级	代码	名称	重要程度
31	基本要求（50%）	基础知识（45%）	茶文化基础知识（10%）	021	其他亚洲国家饮茶习俗	Z
32				022	英国茶俗	Y
33				023	其他欧洲国家饮茶习俗	Z
34				024	非洲国家饮茶习俗	Z
35				025	美洲国家饮茶习俗	Y
36			茶叶知识（10%）	001	茶树的起源和演变	Y
37				002	茶树的品种	Y
38				003	茶树品种的命名与分类	Y
39				004	茶树的形态特征	Z
40				005	茶树的生长环境与栽培	Y
41				006	茶叶的采摘	Z
42				007	茶叶的命名	Z
43				008	茶叶分类依据	Y
44				009	茶叶分类的方法	Y
45				010	基本茶类	Y
46				011	再加工茶	Y
47				012	非茶之茶	Y
48				013	中国现代茶叶初制与精制	Z
49				014	绿茶的加工	Y
50				015	红茶的加工	Y
51				016	白茶的加工	Y
52				017	黄茶的加工	Y
53				018	乌龙茶的加工	Y
54				019	黑茶的加工	Y
55				020	江北茶区	X
56				021	江南茶区	X
57				022	西南茶区	Y
58				023	华南茶区	Y
59				024	历史名茶	Y
60				025	茶叶色、香、味、形的形成	Y
61				026	茶叶感官审评的基本条件	Z
62				027	茶叶感官审评的基本方法	Y

（续）

序号	鉴定范围及比重			鉴定点		
	一级	二级	三级	代码	名称	重要程度
63	基本要求（50%）	基础知识（45%）	茶叶知识（10%）	028	茶叶变质的原因	Y
64				029	保存茶叶的方法	Y
65				030	国内茶叶产销	Y
66				031	世界茶叶产销	X
67			茶具知识（7%）	001	茶具的历史演变	Y
68				002	茶具的种类及产地	Y
69				003	瓷器茶具工艺	X
70				004	瓷器茶具名品	Y
71				005	紫砂茶具	X
72				006	紫砂茶具名品	Y
73				007	其他材质茶具	Y
74				008	国外茶具	X
75			品茗用水知识（7%）	001	品茗对水质的要求	Y
76				002	品茗与水温的关系	Y
77				003	燃料对水质的影响	Y
78				004	煮水容器对水质的影响	Y
79				005	泉水与井水	Y
80				006	雨水和雪水	Y
81				007	江湖水和纯净水	X
82				008	传统择水方法	Y
83				009	西方择水方法	Y
84				010	现代择水方法	Y
85			茶艺基础知识（8%）	001	择茶鉴水	Y
86				002	备器造境	Y
87				003	冲泡品饮	Y
88				004	泡茶三要素	Y
89				005	注水手法	Y
90				006	不同茶类的冲泡方法	Y
91				007	茶点起源	Y
92				008	茶点种类	Y
93				009	不同茶品的茶点搭配	Y

(续)

序号	鉴定范围及比重			鉴定点		
	一级	二级	三级	代码	名称	重要程度
94	基本要求（50%）	基础知识（45%）	茶与健康及科学饮茶（1%）	001	茶叶的主要成分	Y
95				002	茶与健康的关系	Y
96				003	科学饮茶常识	Z
97			食品与茶叶营养卫生（1%）	001	食品与茶叶卫生基础知识	Y
98				002	饮食业食品卫生制度	Z
99			劳动安全基本知识（1%）	001	安全生产知识	X
100				002	安全防护知识	X
101	茶艺相关知识要求（50%）	接待准备（15%）	仪表准备（8%）	001	茶艺师的服饰类型	X
102				002	茶艺师的服饰搭配原则	Z
103				003	茶艺师的服饰搭配技巧	X
104				004	茶艺师的着装要求	X
105				005	茶艺师服饰应遵守的惯例	Y
106				006	茶艺师容貌修饰化妆的原则	X
107				007	茶艺师的手部护理	X
108				008	茶艺师的头饰及其他装饰要求	X
109				009	茶艺师的发型要求	X
110				010	茶事服务中形体礼仪基本知识	X
111				011	茶事服务中的站姿	Y
112				012	茶事服务中的坐姿	Y
113				013	茶事服务中的蹲姿	Y
114				014	茶事服务中的行姿/行走的基本要求	Y
115				015	舞台茶艺表演行姿	Y
116				016	茶事服务中的行姿和立姿	Y
117				017	特殊变向行姿	Z
118				018	茶事操作服务礼节	Y
119				019	迎宾服务礼仪	Y
120				020	送客服务礼仪	Y
121				021	服务举止禁忌	Y

(续)

序号	鉴定范围及比重			鉴定点		
	一级	二级	三级	代码	名称	重要程度
122	茶艺相关知识要求（50%）	接待准备（15%）	仪表准备（8%）	022	言谈礼仪	Y
123				023	语言基本要求	Y
124				024	礼貌服务用语	Y
125			茶室准备（7%）	001	岗位职责	Y
126				002	服务流程	Y
127				003	茶室环境—清洁卫生	Y
128				004	茶室环境—环境布置	Y
129				005	茶具配备的基本配置	Y
130				006	乌龙茶茶具	Y
131				007	红茶、普洱茶茶具	Y
132				008	绿茶、花茶茶具	Y
133				009	日式茶道茶具	Z
134				010	茶具和相关用品的清洗	Y
135				011	茶具消毒	Y
136				012	茶室电器—灯光	Y
137				013	茶室电器—音响	Y
138				014	消防相关规定	Y
139				015	火灾类型和灭火器具	Y
140				016	防毒面具的种类和使用方法	Y
141		茶艺服务（25%）	茶事服务备料、备器（10%）	001	绿茶基础知识	Y
142				002	名优绿茶知识	Y
143				003	红茶基础知识	Y
144				004	黄茶基础知识	Y
145				005	白茶基础知识	Y
146				006	乌龙茶基础知识	Y
147				007	黑茶基础知识	Y
148				008	再加工茶基础知识	Y
149				009	花茶相关知识	Y

（续）

序号	鉴定范围及比重			鉴 定 点		
	一级	二级	三级	代码	名称	重要程度
150	茶艺相关知识要求（50%）	茶艺服务（25%）	茶事服务备料、备器（10%）	010	茶单的使用	Z
151				011	茶单的设计	Z
152				012	茶单的制作	X
153				013	泡茶器具的种类	Z
154				014	冲泡器具的使用方法	Y
155				015	安全用电常识	Y
156				016	烧水器具的使用规程	Z
157			冲泡演示（15%）	001	投茶量的概念	Y
158				002	绿茶的投茶量	Y
159				003	红茶的投茶量	Y
160				004	黄茶的投茶量	Y
161				005	白茶的投茶量	Y
162				006	乌龙茶的投茶量	Y
163				007	黑茶的投茶量	Y
164				008	再加工茶的投茶量	Y
165				009	冲泡时间与水温对茶品的影响	Y
166				010	冲泡水温与物质浸出量的关系	Y
167				011	茶叶嫩度、外形与水温的关系	Z
168				012	冲泡方法与泡茶水温的关系	Y
169				013	根据茶叶类别调整水温	Y
170				014	根据环境温度、冲泡器具质地和冲泡程序调控水温	Y
171				015	根据茶汤滋味调控水温	Y
172				016	不同茶类泡茶时间要求	Y
173				017	不同外形、加工、品种茶的泡茶时间	Y
174				018	不同饮茶人的泡茶时间	Y
175				019	玻璃杯冲泡演示	X
176				020	盖碗冲泡演示	Y

(续)

序号	鉴定范围及比重			鉴定点		重要程度
	一级	二级	三级	代码	名称	
177	茶艺相关知识要求（50%）	茶艺服务（25%）	冲泡演示（15%）	021	紫砂壶冲泡演示	Y
178				022	潮汕工夫茶冲泡演示	Y
179				023	茶叶品饮的基本原则	X
180				024	不同茶类的品饮方法	Y
181			茶饮推介（5%）	001	交谈礼仪规范	Y
182				002	沟通艺术	X
183				003	针对不同国家客人的饮茶服务规范	Y
184				004	茶叶的成分—正确表述茶的养生功能	Y
185				005	茶叶中的主要化学成分	X
186				006	茶叶中主要成分的健康功效	X
187				007	不同茶类的特性及养生作用	X
188				008	不同茶类的特性	X
189				009	不同茶类的功效	Y
190			茶间服务（10%）	010	不同季节的饮茶特点	X
191				001	顾客离席后的工作	X
192				002	结账、记账基本程序	Y
193			商品销售（5%）	003	茶叶销售知识	X
194				004	茶具销售知识	X
195				005	茶叶、茶具包装知识	X
196				006	茶叶、茶具包装知识—茶具包装	X
197				007	提醒顾客商品的使用方法	X
198				008	代客存茶及保养茶具	Y
199				009	顾客的维护	X
200				010	处理投诉	X

2.2.2 茶艺师（四级）理论知识鉴定要素

茶艺师（四级）理论知识标准比重与鉴定要素细目见表 2-2。

表 2-2　茶艺师（四级）理论知识标准比重与鉴定要素细目

序号	鉴定范围及比重			鉴定点		重要程度
	一级	二级	三级	代码	名称	
1	职业道德（5%）	职业道德基本知识（2%）		001	职业道德的概念	X
2				002	职业道德的重要性	X
3				003	社会主义职业道德的基本原则	Y
4				004	茶艺师的职业道德	Y
5		职业守则（3%）		001	热爱专业，忠于职守	X
6				002	遵纪守法，文明经营	X
7				003	礼貌待客，热情服务	Y
8				004	真诚守信，一丝不苟	X
9				005	钻研业务，精益求精	X
10	基本要求（40%）	基础知识（35%）	茶文化基础知识（8%）	001	中国茶的源流	Y
11				002	饮茶方法的演变	Y
12				003	饮茶起源的三种假说	X
13				004	中国茶叶制茶方法的演变	Y
14				005	中国饮茶方法的演变	Y
15				006	茶与传统文学、书画艺术	Y
16				007	宗教及中国儒家茶文化精神	Y
17				008	各民族饮茶风俗	Y
18				009	茶文化非遗保护	Y
19				010	茶外传的路径	Y
20				011	茶种与制茶法的输出	Y
21				012	被茶改变的世界	Y
22				013	日本茶道和韩国茶礼	Y
23				014	英国茶俗	Y
24				015	其他国家饮茶习俗	Z
25			茶叶知识（8%）	001	茶树的起源和演变	Y
26				002	茶树的品种	Y
27				003	茶树的形态特征	Z
28				004	茶树的生长环境与栽培	Y

(续)

序号	鉴定范围及比重			鉴定点		
	一级	二级	三级	代码	名称	重要程度
29	基本要求（40%）	基础知识（35%）	茶叶知识（8%）	005	茶叶的分类	Y
30				006	基本茶类	Y
31				007	再加工茶	Y
32				008	中国现代茶叶初制与精制	Z
33				009	绿茶的加工	Y
34				010	红茶的加工	Y
35				011	白茶的加工	Y
36				012	黄茶的加工	Y
37				013	乌龙茶的加工	Y
38				014	黑茶的加工	Y
39				015	中国的茶区	X
40				016	历史名茶	Y
41				017	茶叶色、香、味、形的由来	Y
42				018	茶叶感官审评的基本条件和基本方法	Z
43				019	茶叶不良变化的原因	Y
44				020	保存茶叶的方法	Y
45				021	国内茶叶产销	Y
46				022	世界茶叶产销	X
47			茶具知识（5%）	001	茶具的历史演变	Y
48				002	茶具的种类及产地	Y
49				003	瓷器茶具工艺	X
50				004	瓷器茶具名品	Y
51				005	紫砂茶具	X
52				006	紫砂茶具名品	Y
53				007	其他材质茶具	Y
54				008	国外茶具	X

（续）

序号	鉴定范围及比重			鉴 定 点		
	一级	二级	三级	代码	名称	重要程度
55	基本要求（40%）	基础知识（35%）	品茗用水知识（6%）	001	品茗对水质的要求	Y
56				002	品茗与水温的关系	Y
57				003	燃料对水质的影响	Y
58				004	煮水容器对水质的影响	Y
59				005	泉水和井水	Y
60				006	雨水和雪水	Y
61				007	江湖水和纯净水	X
62				008	传统择水方法	Y
63				009	西方择水方法	Y
64				010	现代择水方法	Y
65			茶艺基础知识（5%）	001	择茶鉴水	Y
66				002	备器造境	Y
67				003	冲泡品饮	Y
68				004	泡茶三要素	Y
69				005	注水手法	Y
70				006	不同茶类的冲泡方法	Y
71				007	茶点起源	Y
72				008	茶点种类	Y
73				009	不同茶品的茶点搭配	Y
74			茶与健康及科学饮茶（1%）	001	茶叶主要成分	Y
75				002	茶与健康的关系	Y
76				003	科学饮茶常识	Z
77			食品与茶叶营养卫生（1%）	001	食品与茶叶卫生基础知识	Y
78				002	饮食业食品卫生制度	Z
79			劳动安全基本知识（1%）	001	安全生产知识	X
80				002	安全防护知识	X

（续）

序号	鉴定范围及比重			鉴定点		
	一级	二级	三级	代码	名称	重要程度
81	茶艺相关知识要求（60%）	接待准备（15%）	礼仪接待（8%）	001	接待礼仪特点	X
82				002	接待过程	Z
83				003	服务技巧	X
84				004	茶艺接待服务手势	X
85				005	茶艺演示的斟水动作	Y
86				006	说话态度	X
87				007	问询方式	X
88				008	广东、福建等地接待礼仪	X
89				009	国内其他区域宾客的接待	X
90				010	日本、韩国等宾客接待礼仪	X
91				011	英国茶礼仪	Y
92				012	国外不同区域宾客的接待	Y
93				013	不同民族宾客的接待	Y
94				014	不同宗教信仰宾客的接待	Y
95				015	不同性别宾客的接待	Y
96				016	不同年龄宾客的接待	Y
97			茶室布置（7%）	001	茶室的空间布局	Y
98				002	茶室空间的功能划分	Y
99				003	茶室空间的区域划分	Y
100				004	茶室空间的功能元素布置	Y
101				005	茶室空间的装饰元素布置	Y
102				006	陈列型茶具的摆放	Y
103				007	收纳型茶具摆放的要求	Y
104				008	茶空间装饰品的摆放	Y
105				009	茶具色彩与茶叶的搭配	Z
106				010	茶具材质与茶叶的搭配	Y
107				011	商品陈列的定义和目的	Y
108				012	茶叶与茶食陈列的原则	Y
109				013	茶具陈列的原则	Y
110				014	商品陈列方法	Y

（续）

序号	鉴定范围及比重			鉴定点		
	一级	二级	三级	代码	名称	重要程度
111	茶艺相关知识要求（60%）	茶艺服务（30%）	茶艺配置（15%）	001	绿茶类名茶知识—西湖龙井	Y
112				002	绿茶类名茶知识—洞庭碧螺春	Y
113				003	绿茶类名茶知识—太平猴魁	Z
114				004	红茶类名茶知识—小种红茶	Y
115				005	红茶类名茶知识—工夫红茶	Y
116				006	黄茶类名茶知识	Y
117				007	白茶类名茶知识—福鼎白茶	Y
118				008	白茶类名茶知识—云南白茶	Z
119				009	乌龙茶类名茶知识—闽南乌龙	Z
120				010	乌龙茶类名茶知识—闽北乌龙	X
121				011	乌龙茶类名茶知识—台湾乌龙	Z
122				012	乌龙茶类名茶知识—广东乌龙	Y
123				013	黑茶类名茶知识—云南普洱茶	Y
124				014	黑茶类名茶知识—安化黑茶和六堡茶	Y
125				015	新茶与陈茶的基本概念	Y
126				016	茶叶陈化的具体表现	Z
127				017	新茶和陈茶的基本特征和鉴别方法	Y
128				018	武夷岩茶"陈茶"的特点	Y
129				019	红茶的陈茶与新茶	Y
130				020	新白茶和老白茶的区别	Y
131				021	普洱生茶的品质区别	Z
132				022	茶叶的品质与等级—外形审评	Z
133				023	茶叶的品质与等级—内质审评	Z
134				024	瓷器和陶器茶具的质量鉴别	Y
135				025	玻璃茶具的质量识别	Y
136				026	金属茶具的质量识别	Y
137				027	茶艺冲泡台的布置—冲泡茶具的选择	Y
138				028	表演型冲泡台的布置	Y

（续）

序号	鉴定范围及比重			鉴 定 点		
	一级	二级	三级	代码	名称	重要程度
139	茶艺相关知识要求（60%）	茶艺服务（30%）	茶艺配置（15%）	029	服务型冲泡台的布置	Y
140				030	自助型冲泡台的布置	Z
141			茶艺演示（15%）	001	绿茶、红茶冲泡的茶水比	Y
142				002	白茶、黄茶冲泡的茶水比	Y
143				003	乌龙茶冲泡的茶水比	Y
144				004	黑茶冲泡的茶水比	Y
145				005	不同服务对象的茶水比	X
146				006	冲泡水温对茶汤的影响	Y
147				007	绿茶冲泡的水温	Y
148				008	红茶冲泡的水温	Y
149				009	白茶和黄茶冲泡的水温	Y
150				010	乌龙茶冲泡的水温	Y
151				011	黑茶冲泡的水温	Z
152				012	细嫩绿茶、红茶、黄茶的冲泡时间	Y
153				013	大宗绿茶、花茶的冲泡时间	Y
154				014	白茶的冲泡时间	Y
155				015	球形（卷曲形）乌龙茶的冲泡时间	Y
156				016	条形乌龙茶的冲泡时间	Y
157				017	黑茶的冲泡时间	Y
158				018	古代茶艺对水质的要求	Y
159				019	陆羽《茶经》对泡茶水的描述	X
160				020	现代茶艺对水质的要求	Y
161				021	现代泡茶用水的品类	Y
162				022	不同茶品对水质的要求	Y
163				023	制作调饮红茶的茶品选择	X
164				024	奶茶的制作	Y
165				025	水果红茶的制作	Y
166				026	泡沫红茶的制作	Y

（续）

序号	鉴定范围及比重			鉴定点		
	一级	二级	三级	代码	名称	重要程度
167	茶艺相关知识要求（60%）	茶艺服务（30%）	茶艺演示（15%）	027	不同类型的生活茶艺	Y
168				028	商务茶歇的服务要求	Y
169				029	会议茶水服务要求	Y
170				030	家庭茶艺	Y
171			茶品推介（7%）	001	茶点与茶类的搭配概述	Y
172				002	茶点的类别	X
173				003	绿茶、黄茶、白茶与茶点的搭配	Y
174				004	红茶、乌龙茶与茶点的搭配	Y
175				005	黑茶与茶点的搭配	X
176				006	茶品与茶点的配置与摆放	Y
177				007	季节茶点搭配的原则	X
178				008	春季茶点搭配	X
179				009	夏季茶点搭配	Y
180				010	秋季茶点搭配	Y
181				011	冬季茶点搭配	Y
182			茶间服务（15%）	012	科学饮茶与人体健康	Z
183				013	中国名泉	Y
184				014	茶品推介常见问题的解答	X
185			商品销售（8%）	001	影响茶叶品质变化的内部因素	X
186				002	影响茶叶品质变化的外部因素	Y
187				003	茶叶含水率对茶叶保存的影响	X
188				004	氧气含量对茶叶保存的影响	X
189				005	光线对茶叶保存的影响	X
190				006	温度对茶叶保存的影响	X
191				007	不同茶品的保存取用	X
192				008	不同茶叶的取用方法	Y
193				009	名优茶品的销售	Y
194				010	名优茶品的介绍	Y

(续)

序号	鉴定范围及比重			鉴定点		
	一级	二级	三级	代码	名称	重要程度
195	茶艺相关知识要求（60%）	茶间服务（15%）	商品销售（8%）	011	特殊茶品的销售	Y
196				012	特殊茶品的介绍	Z
197				013	古代名家茶器	Y
198				014	现代名家茶器	Y
199				015	家庭茶室用品选配	X
200				016	茶商品调配知识	X

2.2.3 茶艺师（三级）理论知识鉴定要素

茶艺师（三级）理论知识标准比重与鉴定要素细目见表2-3。

表2-3 茶艺师（三级）理论知识标准比重与鉴定要素细目

序号	鉴定范围及比重			鉴定点		
	一级	二级	三级	代码	名称	重要程度
1	基本要求（30%）	职业道德（5%）	职业道德基本知识（2%）	001	职业道德的概念	X
2				002	职业道德的重要性	X
3				003	社会主义职业道德的基本原则	Y
4				004	茶艺师的职业道德	Y
5			职业守则（3%）	001	热爱专业，忠于职守	X
6				002	遵纪守法，文明经营	X
7				003	礼貌待客，热情服务	Y
8				004	真诚守信，一丝不苟	X
9				005	钻研业务，精益求精	X
10		基础知识（25%）	茶文化基础知识（6%）	001	中国茶的源流	Y
11				002	饮茶方法的演变	Y
12				003	中国茶叶制茶方法的演变	Y
13				004	中国饮茶方法的演变	Y
14				005	茶与传统文学、书画艺术	Y
15				006	宗教及中国儒家茶文化精神	Y
16				007	各民族饮茶风俗	Y
17				008	茶文化非遗保护	Y

（续）

序号	鉴定范围及比重			鉴定点		
	一级	二级	三级	代码	名称	重要程度
18	基本要求（30%）	基础知识（25%）	茶文化基础知识（6%）	009	茶外传的路径	Y
19				010	茶种与制茶法的输出	Y
20				011	日本茶道和韩国茶礼	Y
21				012	其他国家饮茶习俗	Z
22			茶叶知识（6%）	001	茶树的形态特征	Z
23				002	茶叶的分类	Y
24				003	中国现代茶叶初制与精制	Z
25				004	各类茶叶的加工	Y
26				005	中国的茶区	X
27				006	历史名茶	Y
28				007	茶叶色、香、味、形的由来	Y
29				008	茶叶感官审评的基本条件和基本方法	Z
30				009	茶叶不良变化的原因	Y
31				010	保存茶叶的方法	Y
32				011	国内茶叶产销	Y
33				012	世界茶叶产销	X
34			茶具知识（4%）	001	茶具的历史演变	Y
35				002	茶具的种类及产地	Y
36				003	瓷器茶具工艺	X
37				004	瓷器茶具名品	Y
38				005	紫砂茶具	X
39				006	紫砂茶具名品	Y
40				007	其他材质茶具	Y
41				008	国外茶具	X
42			品茗用水知识（3%）	001	品茗对水质的要求	Y
43				002	品茗与水温的关系	Y
44				003	燃料对水质的影响	Y
45				004	煮水容器对水质的影响	Y
46				005	品茗用水的分类	Y
47				006	品茗用水的选择方法	Y

(续)

序号	鉴定范围及比重			鉴定点		
	一级	二级	三级	代码	名称	重要程度
48	基本要求（30%）	基础知识（25%）	茶艺基础知识（3%）	001	备器造境	Y
49				002	冲泡品饮	Y
50				003	泡茶三要素	Y
51				004	注水手法	Y
52				005	不同茶类的冲泡方法	Y
53				006	茶点的选配	Y
54			茶与健康及科学饮茶（1%）	001	茶叶主要功效成分	Y
55				002	茶与健康的关系	Y
56				003	科学饮茶常识	Z
57			食品与茶叶营养卫生（1%）	001	食品与茶叶卫生基础知识	Y
58				002	饮食业食品卫生制度	Z
59			劳动安全基本知识（1%）	001	安全生产知识	X
60				002	安全防护知识	X
61	茶艺相关知识要求（70%）	接待准备（15%）	礼仪接待（8%）	001	涉外礼仪的基本要求	X
62				002	涉外礼仪中的禁忌话题	Z
63				003	涉外礼仪中的尊重女性	X
64				004	东亚国家的饮茶习俗	X
65				005	东南亚国家的饮茶习俗	Y
66				006	西亚和南亚国家的饮茶习俗	X
67				007	英国的饮茶习俗	X
68				008	欧洲其他国家的饮茶习俗	X
69				009	非洲国家的饮茶习俗	X
70				010	美洲国家的饮茶习俗	X
71				011	大洋洲国家的饮茶习俗	Y
72				012	世界部分国家的礼仪与禁忌	Y
73				013	茶叶相关英语专业词汇	Y
74				014	常用问候语	Y
75				015	接待外宾的注意事项	Y
76				016	华侨的接待	Y

（续）

序号	鉴定范围及比重			鉴定点		
	一级	二级	三级	代码	名称	重要程度
77	茶艺相关知识要求（70%）	茶艺服务（40%）	接待准备（15%）	001	茶叶品鉴的人员要求	Y
78				002	茶叶品鉴的环境条件	Y
79				003	茶叶品鉴的工具要求	Y
80				004	茶叶感官审评方法	Y
81				005	柱形杯审评法	Y
82				006	倒钟形杯审评法	Y
83			茶事准备（7%）	007	茶叶质量等级评定	Y
84				008	品质评语	Y
85				009	高山茶的特点	Z
86				010	台地茶的特点	Y
87				011	瓷器茶具的款式	Y
88				012	瓷器茶具的特点	Y
89				013	陶器茶具的款式	Y
90				014	陶器茶具的特点	Y
91			茶席设计（20%）	001	茶席的概念	Y
92				002	茶席的含义	Y
93				003	茶席的类型	Z
94				004	干泡茶席	Y
95				005	湿泡茶席	Y
96				006	文化型茶席	Y
97				007	茶席的主题—节令类	Y
98				008	茶席的主题—文艺类（文士茶席）	Z
99				009	茶席的主题—仿古类	Z
100				010	茶席的主题—社交类	X
101				011	茶席的主题—外国茶文化类	Z
102				012	茶席的构成	Y
103				013	茶席中的泡茶器	Y
104				014	茶席中的助泡器	Y
105				015	茶席中的清洁器	Y
106				016	茶席中的装饰物	Z
107				017	茶席设计中的背景	Y

(续)

序号	鉴定范围及比重			鉴 定 点		
	一级	二级	三级	代码	名称	重要程度
108	茶艺相关知识要求（70%）	茶艺服务（40%）	茶席设计（20%）	018	茶席创意策划	Y
109				019	表演茶席的创意	Y
110				020	仿唐茶席设计	Y
111				021	唐代古画中的茶席场景	Z
112				022	仿宋茶席设计	Z
113				023	仿宋茶席中的茶具	Z
114				024	宋代古画中的茶席场景	Y
115				025	仿明清茶席设计	Y
116				026	明代古画中的茶席场景	Y
117				027	茶席设计技巧	Y
118				028	茶席设计的风格确定	Y
119				029	茶席设计中的人境营造	Y
120				030	茶席设计中的物境营造	Y
121				031	茶席设计中的心境营造	Y
122				032	藏族酥油茶茶席	Y
123				033	蒙古族咸奶茶茶席	Y
124				034	打油茶茶席	Y
125				035	擂茶茶席	Y
126				036	三道茶茶席	Y
127				037	文士风格茶席	X
128				038	茶席中的赏玩性器物	X
129				039	民俗风格茶席	Y
130				040	茶挂	Z
131			茶艺演示（20%）	001	茶席布局原则	Y
132				002	茶席布局类型	Y
133				003	传杯形式的茶席布局	Y
134				004	"回"形和"由"形茶席布局	Y
135				005	圆桌茶席的布局	X
136				006	地席茶席的布局	Y
137				007	茶席插花	Y

（续）

序号	鉴定范围及比重			鉴定点		
	一级	二级	三级	代码	名称	重要程度
138				008	茶室熏香	Y
139				009	茶席挂画	Y
140				010	茶艺服饰	Y
141				011	现代茶艺服饰的发展阶段	Z
142				012	现代茶艺服饰的总体趋势	Y
143				013	茶艺服饰的总体要求	Y
144				014	历史型茶艺表演服饰的选配	Y
145				015	民俗型茶艺表演服饰的选配	Y
146				016	茶艺活动中常见的服饰	Y
147				017	茶艺中音乐的作用	Y
148				018	茶艺活动中常用的配乐	Y
149				019	茶艺音乐的类型特点	X
150				020	茶艺音乐的基本要求	Y
151	茶艺相关知识要求（70%）	茶艺服务（40%）	茶艺演示（20%）	021	茶艺音乐的选择方法	Y
152				022	描写月下景色的古典名曲	Y
153				023	描写山水景色的古典名曲	X
154				024	描写亲情友情的古典名曲	Y
155				025	描写个人情怀抱负的古典名曲	Y
156				026	传统古典名曲中的乐器	Y
157				027	可用作茶艺音乐的近现代音乐	Y
158				028	茶艺演示中的音乐表现方法	Y
159				029	民俗茶艺中的音乐选择	Y
160				030	雅集类茶席主题	Y
161				031	宫廷仿古类茶席主题	Y
162				032	迎送类茶席主题	Y
163				033	民俗类茶席主题	Y
164				034	教育类茶席主题	Y
165				035	阅读朗诵类茶席主题	Y
166				036	茶叶品鉴类茶席主题	Y

（续）

序号	鉴定范围及比重			鉴定点		
	一级	二级	三级	代码	名称	重要程度
167	茶艺相关知识要求（70%）	茶艺服务（40%）	茶艺演示（20%）	037	婚礼主题茶席	Y
168				038	寿宴主题茶席	Y
169				039	染梅茶会	Y
170				040	茶艺演示的文化内涵	Y
171			茶事推介（7%）	001	茶叶起源传说	Y
172				002	茶叶功能传说	X
173				003	西湖龙井的传说与典故	Y
174				004	洞庭碧螺春的传说	Y
175				005	武夷茶的由来传说	X
176				006	铁观音茶的由来传说	Y
177				007	凤凰单丛的由来传说	X
178				008	传统名茶	X
179				009	恢复历史名茶	Y
180				010	新创名茶	Y
181				011	中国十大名茶	Y
182			茶间服务（15%）	012	紫砂茶器的选购知识	Z
183				013	瓷器茶具的选购知识	Y
184				014	不同茶具的特点与养护方法	X
185			营销服务（8%）	001	茶馆的文化定位和市场定位	X
186				002	市场调查的方法	Y
187				003	市场需求与茶馆（茶店）的茶叶调配	X
188				004	市场需求与茶馆（茶店）的茶具营销	X
189				005	茶馆消费品的配备	X
190				006	茶馆消费品中的饮食产品	X
191				007	茶叶在不同季节的配备	X
192				008	茶食与季节的搭配	Y
193				009	茶饮、茶点盛装器具	Y
194				010	节假日消费品的配备	Y
195				011	茶事活动—外场服务	Y

(续)

序号	鉴定范围及比重			鉴定点		
	一级	二级	三级	代码	名称	重要程度
196	茶艺相关知识要求（70%）	茶间服务（15%）	营销服务（8%）	012	茶文化讲座	Z
197				013	茶艺体验课程	Y
198				014	茶会茶宴的组织	Y
199				015	茶事活动方案	X
200				016	茶事展销活动	X

2.2.4 茶艺师（二级）理论知识鉴定要素

茶艺师（二级）理论知识标准比重与鉴定要素细目见表2-4。

表2-4 茶艺师（二级）理论知识标准比重与鉴定要素细目

序号	鉴定范围及比重			鉴定点		
	一级	二级	三级	代码	名称	重要程度
1	基本要求（25%）	职业道德（3%）	职业道德基本知识（2%）	001	职业道德的概念	X
2				002	职业道德的重要性	X
3				003	社会主义职业道德的基本原则	Y
4				004	茶艺师的职业道德	Y
5			职业守则（1%）	001	热爱专业，忠于职守，遵纪守法，文明经营，礼貌待客，热情服务	X
6				002	真诚守信，一丝不苟，钻研业务，精益求精	X
7		基础知识（22%）	茶文化基础知识（5%）	001	中国茶的源流	Y
8				002	饮茶方法的演变	Y
9				003	中国茶叶制茶方法的演变	Y
10				004	中国饮茶方法的演变	Y
11				005	茶与传统文学、书画艺术	Y
12				006	宗教及中国儒家茶文化精神	Y
13				007	茶文化非遗保护	Y
14				008	茶种与制茶法的输出	Y
15				009	日本茶道和韩国茶礼	Y
16				010	其他国家饮茶习俗	Z

（续）

序号	鉴定范围及比重			鉴定点		
	一级	二级	三级	代码	名称	重要程度
17	基本要求（25%）	基础知识（22%）	茶叶知识（5%）	001	茶树的形态特征	Z
18				002	茶叶的分类	Y
19				003	各类茶叶的加工	Y
20				004	历史名茶	Y
21				005	茶叶色、香、味、形的由来	Y
22				006	茶叶感官审评的基本条件和基本方法	Z
23				007	茶叶不良变化的原因	Y
24				008	茶叶保存的方法	Y
25				009	国内茶叶产销	Y
26				010	世界茶叶产销	X
27			茶具知识（3%）	001	茶具的历史演变	Y
28				002	茶具的种类及产地	Y
29				003	瓷器茶具工艺及名品	X
30				004	紫砂茶具工艺及名品	X
31				005	其他材质茶具	Y
32				006	国外茶具	X
33			品茗用水知识（3%）	001	品茗对水质的要求	Y
34				002	品茗与水温的关系	Y
35				003	燃料对水质的影响	Y
36				004	煮水容器对水质的影响	Y
37				005	品茗用水的分类	Y
38				006	品茗用水的选择方法	Y
39			茶艺基础知识（3%）	001	备器造境	Y
40				002	冲泡品饮	Y
41				003	泡茶三要素	Y
42				004	注水手法	Y
43				005	不同茶类的冲泡方法	Y
44				006	茶点的选配	Y

(续)

序号	鉴定范围及比重			鉴定点		
	一级	二级	三级	代码	名称	重要程度
45	基本要求（25%）	基础知识（22%）	茶与健康及科学饮茶（1%）	001	茶叶主要成分	Y
46				002	茶与健康和科学饮茶	Y
47			食品与茶叶营养卫生（1%）	001	食品与茶叶卫生基础知识	Y
48				002	饮食业食品卫生制度	Z
49			劳动安全基本知识（1%）	001	安全生产知识	X
50				002	安全防护知识	X
51	茶艺相关知识要求（75%）	茶艺馆创意（20%）	茶艺馆规划（10%）	001	茶艺馆选址的社会需求性	X
52				002	茶艺馆选址的经营可行性	Z
53				003	茶艺馆选址的其他相关因素	X
54				004	茶艺馆选址的类别	X
55				005	现代都市茶艺馆选址的要求	Y
56				006	选址繁华商业中心的注意事项	X
57				007	选址宾馆饭店群周边的优势	X
58				008	选址交通大道的优劣势	X
59				009	选址居民区的注意事项	X
60				010	旅游风景区茶艺馆的选址	X
61				011	农村乡镇类茶艺馆的选址	Y
62				012	茶艺馆的市场细分	Y
63				013	茶艺馆的定位步骤	Y
64				014	茶艺馆布局的合理性	Y
65				015	茶艺馆饮茶区的空间布局	Y
66				016	茶艺馆品茗区的布局	X
67				017	茶艺馆表演区的布局	X
68				018	茶艺馆工作区的布局	X
69				019	茶艺馆的空间设计特点	Z
70				020	江南的茶艺馆	Y

(续)

序号	鉴定范围及比重			鉴定点		
	一级	二级	三级	代码	名称	重要程度
71	茶艺相关知识要求（75%）	茶艺馆创意（20%）	茶艺馆布置（10%）	001	茶艺馆区域布置中的美观原则	Y
72				002	茶艺馆区域布置中的动线设计	Y
73				003	茶艺馆动线设计的四大系统	Y
74				004	现代茶艺馆的形式	Y
75				005	茶艺馆的风格类型	Y
76				006	庭院式、乡土式、厅堂式茶艺馆	Y
77				007	日式茶艺馆	Y
78				008	综合式茶艺馆	Y
79				009	茶艺馆装饰元素中的字画悬挂	Z
80				010	茶艺馆装饰元素中的饰品陈列	Y
81				011	茶艺馆装饰元素中的茶品出样	Y
82				012	茶艺馆装饰元素中的植物点缀	Y
83				013	茶艺馆装饰元素中的音乐烘托	Y
84				014	茶艺馆装饰元素中的灯光效应	Y
85				015	茶艺馆服务台的风格布局	Y
86				016	茶艺馆服务台的视觉要求	Y
87				017	茶艺馆服务台的色彩效应	Y
88				018	茶艺馆的主题设计	Z
89				019	主题茶艺馆的文化符号	Y
90				020	品茗区的灯光效果	Y
91		茶事活动（35%）	茶艺演示（17%）	001	茶艺演示中仿古茶艺的基本要求	Y
92				002	仿唐茶艺的器具和程序	Y
93				003	唐代茶道的分类	Z
94				004	陆羽《茶经》中的其他融入艺术	Y
95				005	炙茶的作用和步骤	Y
96				006	仿唐茶艺中饮茶的步骤	Y
97				007	宋代茶道的活动类别	Y
98				008	《大观茶论》的作者	Z

（续）

序号	鉴定范围及比重			鉴定点		
	一级	二级	三级	代码	名称	重要程度
99	茶艺相关知识要求（75%）	茶事活动（35%）	茶艺演示（17%）	009	《大观茶论》的内容概述	Z
100				010	寺院茶艺对日本茶道的影响	X
101				011	宋代的文人茶艺	Z
102				012	宋代茶艺中的"斗茶"	Y
103				013	"斗茶"的步骤	Y
104				014	仿宋茶艺的器具和流程	Y
105				015	仿宋茶艺中的"候汤"环节	Y
106				016	宋代文人对"候汤"的描述	Z
107				017	点茶的要点	Y
108				018	点茶茶汤的要求	Y
109				019	点茶茶色的要求	Y
110				020	点茶的真香、真味	Y
111				021	点茶的动作要求	Z
112				022	明清茶艺中的茶品	Z
113				023	明清茶艺中的茶饮操作方法	Z
114				024	明清茶艺中泡茶法的形式	Y
115				025	明清茶艺的器具和流程	Y
116				026	日本茶道的学习和演变过程	Y
117				027	日本的茶道精神	Y
118				028	日本茶道的类别	Y
119				029	韩国茶礼基本知识	Y
120				030	英式下午茶基本知识	Y
121				031	常用英语茶术语	Y
122				032	常用英语茶知识短句	Y
123				033	常用日语茶术语	Y
124				034	常用日语茶知识短句	Z

(续)

序号	鉴定范围及比重			鉴定点		
	一级	二级	三级	代码	名称	重要程度
125	茶艺相关知识要求（75%）	茶事活动（35%）	茶会组织（18%）	001	茶会的定义	Y
126				002	雅集茶会的类别	Y
127				003	仿古雅集茶会	Y
128				004	专题雅集茶会	Y
129				005	清谈修行茶会	X
130				006	商务茶会的目的	Y
131				007	隐性商务茶会	Y
132				008	显性商务茶会	Y
133				009	现代商务茶会	Y
134				010	纪念茶会的类别	Y
135				011	阅读和朗诵茶会	Z
136				012	座谈茶会	Y
137				013	祭祀茶会	Y
138				014	研讨茶会	Y
139				015	茶会策划的步骤	Y
140				016	茶会策划中调查分析的作用	Y
141				017	茶会策划中目标人群的分析	Y
142				018	茶会会场的选择	Y
143				019	曲水流觞茶会的形式	X
144				020	茶会的整体策划	Y
145				021	茶会策划中前期准备与人员分工的要领	Y
146				022	茶会中的现场控制方案	Y
147				023	茶会活动预案	X
148				024	茶会组织中的工作	Y
149				025	茶会的公关宣传	Y
150				026	茶会的人员组织招募	Y
151				027	茶会的经费和赞助征集	Y
152				028	茶会的流程安排	Y

（续）

序号	鉴定范围及比重			鉴定点		
	一级	二级	三级	代码	名称	重要程度
153	茶艺相关知识要求（75%）	茶事活动（35%）	茶会组织（18%）	029	茶会的活动执行	Y
154				030	茶会的活动总结	Y
155				031	茶会活动的效果评估	Y
156				032	茶会活动的后期宣传	Y
157				033	茶会的主持人安排	Y
158				034	茶会主持人的串场词设计	Y
159				035	茶会主持人的台风设计	Y
160				036	茶会活动的材料准备	Y
161		业务管理（20%）	服务管理（10%）	001	茶艺馆的常规服务	Y
162				002	茶艺馆的服务流程设计	X
163				003	茶艺馆的基本服务内容	Y
164				004	茶艺馆的顾客服务标准	Y
165				005	茶艺馆顾客档案的建立和管理	X
166				006	茶艺馆的特色服务	Y
167				007	茶艺馆的服务规范	X
168				008	茶艺服务人员的培训步骤	X
169				009	茶艺馆员工培训计划	Y
170				010	茶艺馆员工培训方法	Y
171				011	茶艺馆庆典活动设计	Y
172				012	茶艺馆促销活动设计	Z
173				013	茶艺表演活动方案的格式	Y
174				014	茶艺表演活动方案的文字要求	Y
175				015	茶叶的采购指导	X
176				016	茶叶的质量检查	Y
177				017	茶具的采购指导	X
178				018	茶具的质量检查	Y
179				019	茶艺馆的安全检查与改进	Y
180				020	茶艺馆顾客诉求处理原则与技巧	X

（续）

序号	鉴定范围及比重			鉴定点		重要程度
	一级	二级	三级	代码	名称	
181	茶艺相关知识要求（75%）	业务管理（20%）	茶艺培训（10%）	001	茶艺培训课程方案的制订	X
182				002	茶艺培训计划的编制	Y
183				003	茶艺培训课程安排	X
184				004	茶艺培训师资安排	X
185				005	茶艺培训课时编排	X
186				006	茶艺培训的授课方式	X
187				007	茶艺馆全员培训组织	X
188				008	社会茶艺培训活动的组织	Y
189				009	茶艺培训课程安排技巧	X
190				010	茶艺培训教学方式	Y
191				011	茶艺演示队人选	Y
192				012	茶艺队的队伍框架	Z
193				013	茶艺队的组织管理	Y
194				014	茶艺队的训练安排	Y
195				015	茶艺队员的专业知识学习—加工、综合利用、储存保鲜、审评	Y
196				016	茶艺队员的专业知识学习—茶艺技艺、茶文化、茶艺解说、茶席设计与布置、茶席插花	Y
197				017	茶艺队员的专业知识学习—茶艺表演形象设计、茶俗与礼仪	Y
198				018	茶艺队员的专业知识学习—茶营销知识	Y
199				019	茶艺队专业拓展学习—诗书画乐舞	X
200				020	茶艺队专业拓展学习—语言交际和茶艺综合设计	X

2.2.5 茶艺师（一级）理论知识鉴定要素

茶艺师（一级）理论知识标准比重与鉴定要素细目见表2-5。

表 2-5　茶艺师（一级）理论知识标准比重与鉴定要素细目

序号	鉴定范围及比重 一级	鉴定范围及比重 二级	鉴定范围及比重 三级	代码	名称	重要程度
1	基本要求（15%）	职业道德（3%）	职业道德基本知识（2%）	001	职业道德的概念	X
2				002	职业道德的重要性	X
3				003	社会主义职业道德的基本原则	Y
4				004	茶艺师的职业道德	Y
5			职业守则（1%）	001	热爱专业，忠于职守，遵纪守法，文明经营，礼貌待客，热情服务	X
6				002	真诚守信，一丝不苟，钻研业务，精益求精	X
7		基础知识（12%）	茶文化基础知识（2%）	001	中国茶的源流和饮茶方式变化	Y
8				002	中国茶文化精神	Y
9				003	中国饮茶风俗和茶文化非遗保护	Y
10				004	中外茶文化传播和外国饮茶方式	Y
11			茶叶知识（2%）	001	茶树和茶叶	Z
12				002	中国产茶区及名茶	Y
13				003	茶叶的品鉴与储存	Y
14				004	茶叶的产销概况	Y
15			茶具知识（2%）	001	茶具的历史和种类	Y
16				002	瓷器茶具的特色	Y
17				003	陶器茶具的特色	X
18				004	其他茶具的特色	Y
19			品茗用水知识（1%）	001	品茗与用水的关系	Y
20				002	品茗用水的分类和选择方法	Y
21			茶艺基础知识（2%）	001	茶的品饮要义	Y
22				002	茶的冲泡技巧	Y
23				003	不同茶类的冲泡方法	Y
24				004	茶点的选配	Y
25			茶与健康及科学饮茶（1%）	001	茶叶中的主要成分	Y
26				002	茶与健康和科学饮茶	Y

(续)

序号	鉴定范围及比重			鉴定点		
	一级	二级	三级	代码	名称	重要程度
27	基本要求（15%）	基础知识（12%）	食品与茶叶营养卫生（1%）	001	食品与茶叶卫生基础知识	Y
28				002	饮食业食品卫生制度	Z
29			劳动安全基本知识（1%）	001	安全生产知识	X
30				002	安全防护知识	X
31	茶艺相关知识要求（85%）	茶饮服务（20%）	品评服务（10%）	001	茶饮的类型	X
32				002	原叶茶茶饮知识	Z
33				003	调饮茶知识	X
34				004	茶饮料知识	X
35				005	茶饮料类别	Y
36				006	针对商务人员的茶饮服务	X
37				007	针对休闲娱乐人员的茶饮服务	X
38				008	针对茶道发烧友的茶饮服务	X
39				009	针对不同性别顾客的茶饮服务	X
40				010	针对不同消费层次顾客的茶饮服务	X
41				011	茶饮创新的基本原理	Y
42				012	常见的创新茶饮	Y
43				013	奶盖茶的特色和种类	Y
44				014	茶叶质量审评的基本知识	Y
45				015	高等级绿茶的特征	Y
46				016	高等级白茶的特征	X
47				017	高等级黄茶的特征	X
48				018	高等级乌龙茶的特征	X
49				019	高等级工夫红茶的特征	Z
50				020	高等级黑茶的特征	Y
51			茶健康服务（10%）	001	中国传统医学对茶健康的认识	Y
52				002	现代医学对茶与健康的研究	Y
53				003	茶叶中的茶多酚	Y
54				004	正确认识茶的保健功能	Y

（续）

序号	鉴定范围及比重			鉴定点		重要程度
	一级	二级	三级	代码	名称	
55	茶艺相关知识要求（85%）	茶饮服务（20%）	茶健康服务（10%）	005	茶的保健功能与疗效	Y
56				006	茶叶中的营养素	Y
57				007	中医对于茶疗的研究	Y
58				008	典型的保健茶饮配制	Y
59				009	消除疲劳的茶饮配制	Z
60				010	适合高血脂人士的茶饮配制	Y
61				011	适合肥胖人士的茶饮配制	Y
62				012	适合消化不良人士的茶饮配制	Y
63				013	《中华人民共和国食品安全法》对食品中添加药物的规定	Y
64				014	茶艺师配制保健茶品的类别	Y
65				015	茶艺师配制保健茶饮的注意事项	Y
66				016	"茶为万病之药"的真伪	Y
67				017	茶与药	Y
68				018	茶的疗效宣传	Z
69				019	健康的饮茶量和饮茶方法	Y
70				020	健康饮茶的注意事项	Y
71		茶事创作（40%）	茶艺编创（20%）	001	茶艺节目编创的含义	Y
72				002	以历史为依据的茶艺节目编创	Y
73				003	以民俗为依据的茶艺节目编创	Z
74				004	茶艺节目的用途	Y
75				005	茶艺节目的类型	Y
76				006	茶艺节目编创中"生活性与文化性相统一"的原则	Y
77				007	茶艺节目编创中"科学性与艺术性相统一"的原则	Y
78				008	茶艺节目编创中"规范性与自由性相统一"的原则	Z
79				009	茶艺节目编创中"继承性与创新性相统一"的原则	Z

(续)

序号	鉴定范围及比重			鉴定点		
	一级	二级	三级	代码	名称	重要程度
80	茶艺相关知识要求（85%）	茶事创作（40%）	茶艺编创（20%）	010	茶艺节目创作主题立意	X
81				011	茶艺节目创作的艺术表现	Z
82				012	茶艺节目的细节布置	Y
83				013	茶艺表演者的现场表现	Y
84				014	创新茶艺竞技中的"创新性"评分标准	Y
85				015	创新茶艺竞技中的"茶艺表演"评分标准	Y
86				016	创新茶艺竞技中的"茶汤质量"评分标准	Z
87				017	创新茶艺竞技中的"解说"评分标准	Y
88				018	茶叶营销与茶艺	Y
89				019	品牌营销与茶艺的结合	Y
90				020	茶叶推介与茶艺的结合	Y
91				021	茶山推介与茶艺的结合	Z
92				022	开采春茶的茶文化景观	Z
93				023	茶山之旅组织	Z
94				024	茶山之旅中的茶艺元素	Y
95				025	茶艺美学知识	Y
96				026	茶艺的审美属性	Y
97				027	茶艺美学的三个本质特征	Y
98				028	茶艺舞台美学—品饮环境的清雅之美	Y
99				029	茶艺舞台美学—主泡茶人的神韵之美	Y
100				030	茶艺舞台美学—茶艺要素的和谐之美	Y
101				031	茶艺舞台美学—语言解说的留白之美	Y
102				032	茶艺服饰搭配的要求	Y
103				033	茶艺服饰搭配的选择方法	X
104				034	茶艺的题材对服饰搭配的要求	Y
105				035	服饰与茶艺场景整体搭配的方式	Y
106				036	茶艺作品的风格与服饰搭配	Y

（续）

序号	鉴定范围及比重			鉴定点		
	一级	二级	三级	代码	名称	重要程度
107			茶艺编创（20%）	037	茶艺节目文案的要求	Y
108				038	茶艺节目文案的作用	Y
109				039	茶艺解说词的作用	Y
110				040	茶艺解说词的类型	Z
111	茶艺相关知识要求（85%）	茶事创作（40%）	茶会创新（20%）	001	茶会的概念	Y
112				002	茶会的作用	Y
113				003	茶会的缘起	Y
114				004	以节气为主题的茶会	Y
115				005	以古为今用的各种元素为主题的茶会	X
116				006	以茶会的地点为主题的茶会	Y
117				007	以人文精神为主题的茶会	Y
118				008	茶会创意设计要求	Y
119				009	成功茶会的效果	Y
120				010	茶会的视觉传达	Y
121				011	茶会的音乐设计	Z
122				012	茶会的茶品茶点	Y
123				013	茶会的设计内容要素	Y
124				014	大型茶会的任务	Y
125				015	大型茶会的创意	Y
126				016	大型茶会的形式	Y
127				017	茶会策划的概念	Y
128				018	大型茶会策划方案的制订	Y
129				019	大型茶会相关资料和文件的准备	X
130				020	茶会的申请报告准备	Y
131				021	组委会机构和工作人员安排	Y
132				022	参会人员	Y
133				023	茶会议程安排	X
134				024	茶会的宣传	Y

（续）

序号	鉴定范围及比重			鉴定点		
	一级	二级	三级	代码	名称	重要程度
135	茶艺相关知识要求（85%）	茶事创作（40%）	茶会创新（20%）	025	茶会的经费预算	Y
136				026	茶会组织准备阶段的工作	Y
137				027	茶会场地准备的要求	Y
138				028	茶会的工作人员分工	Y
139				029	茶会实施阶段的工作	Y
140				030	茶会的主持和会务	Y
141				031	茶会的宾客安排	Y
142				032	茶会的善后处理	Y
143				033	茶会活动的会后总结	Y
144				034	无我茶会的精神内涵	Y
145				035	无我茶会的基本形式	X
146				036	无我茶会的茶品和茶具	Y
147				037	申时茶会的形式	Y
148				038	申时茶会的时间	Y
149				039	申时茶会的要求	Y
150				040	申时茶会的流程	Y
151		业务管理（25%）	经营管理（13%）	001	茶艺馆的定位	Y
152				002	茶艺馆的选址	X
153				003	茶艺馆的服务项目	Y
154				004	茶艺馆项目策划书的作用	Y
155				005	茶艺馆项目策划书的内容	X
156				006	茶艺馆的管理制度	Y
157				007	茶艺馆经理的岗位职责	X
158				008	茶艺馆的经济责任制	X
159				009	茶艺馆的考核制度	Y
160				010	茶艺馆的岗位责任制	Y
161				011	茶艺馆人员的激励	Y
162				012	影响员工积极性的因素	Z
163				013	如何调动员工积极性	Y

(续)

序号	鉴定范围及比重			鉴定点		
	一级	二级	三级	代码	名称	重要程度
164	茶艺相关知识要求（85%）	业务管理（25%）	经营管理（13%）	014	激励员工的方式	Y
165				015	茶艺馆的营销策略	X
166				016	茶艺馆的茶叶推介	Y
167				017	茶叶知识在茶叶推介中的作用	X
168				018	茶艺馆的多点经营	Y
169				019	茶艺馆的活动营销	Y
170				020	茶艺馆的成本与价格构成	Y
171				021	茶艺馆的定价程序	Y
172				022	茶艺馆的定价方法	Y
173				023	茶点的类型	X
174				024	茶点的选配	Y
175				025	茶艺馆的文创产品	Y
176				026	茶文化旅游	X
177			人员培训（12%）	001	茶艺培训讲义编写的基本问题	X
178				002	茶艺培训讲义的编写要求	Y
179				003	技师指导的基本知识	X
180				004	指导技师获取正确知识的渠道	X
181				005	技师设计能力的提升	X
182				006	技师进行茶艺培训工作的必备素质	X
183				007	指导技师编写教案	X
184				008	技师进行茶艺培训工作的讲稿	Y
185				009	茶艺馆全员培训的需求分析	Y
186				010	茶艺馆全员培训的计划制订	Y
187				011	茶艺馆全员培训的培训目标	Y
188				012	培训方案的内容结构	Z
189				013	培训方案的制订流程	Y
190				014	茶艺馆全员培训的形式	Y
191				015	培训的场所和物资准备	Y

(续)

序号	鉴定范围及比重			鉴定点		
	一级	二级	三级	代码	名称	重要程度
192	茶艺相关知识要求（85%）	业务管理（25%）	人员培训（12%）	016	茶艺馆全员培训的实施过程	Y
193				017	茶艺馆培训的情况分析	Y
194				018	茶艺馆培训总结报告的撰写	Y
195				019	调研报告的含义和特点	Y
196				020	调研报告的撰写方法	Z
197				021	调研报告的结构	Y
198				022	茶专题论文撰写的基本要求	Z
199				023	茶专题论文的撰写方法	X
200				024	茶专题论文的结构	X

2.3 操作技能考情观察

2.3.1 考核思路

根据《国家职业技能标准 茶艺师》的要求，各等级茶艺师应达到相应的学习目标，其考核思路也根据相应的目标而设立。技能要求和相关知识要求依次递进，高级别涵盖低级别。

2.3.2 组卷方法

本职业等级操作技能考核试卷的生成方式为计算机自动生成试卷，即计算机按照本职业等级的《操作技能考核内容结构表》和《操作技能鉴定要素细目表》的结构特征，使用统一的组卷模型，从题库中随机抽取相应试题，组成试卷，试卷生成后应请专家审核无误才能确定。

2.3.3 试卷结构

职业技能鉴定国家题库茶艺师各等级操作技能考核试卷一般由以下三部分内容构成。

（1）操作技能考核准备通知单　分为鉴定机构准备通知单和考生准备通知单。在考核前分别发给考核实施单位和考生。内容为考核所需场地、设备、材料、工具及其他准备要求。

（2）操作技能考核试卷正文　内容为操作技能考核试题，包括试题名称、试题分值、考核时间、考核形式、具体考核要求等。

（3）操作技能考核评分记录表　内容为操作技能考核试题配分与评分标准，用于考评员评分记录。主要包括各项考核内容、考核要点、配分与评分标准、否定项及说明、考核分数加权汇总方法等。必要时包括总分表，即记录考生本次操作技能考核所有试题成绩的汇总表。

2.3.4 考核时间与要求

茶艺师技能考核时间：五级/初级工、四级/中级工、三级/高级工不少于20分钟，二级/技师、一级/高级技师不少于30分钟。

茶艺师技能考核要求：按试卷中具体考核要求进行操作；考生在操作技能考核中要遵守考场纪律，正确执行操作规程，防止出现人身和设备安全事故。

2.3.5 鉴定场所设备

茶艺师技能考核在具备品茗台且采光及通风条件良好的品茗室或教室、会议室进行，室内应有泡茶（饮茶）主要用具、茶叶、音响、投影仪等相关辅助用品。

2.4 操作技能鉴定要素

2.4.1 茶艺师（五级）操作技能鉴定要素

茶艺师（五级）技能操作标准比重与鉴定要素细目见表2-6。

表2-6 茶艺师（五级）技能操作标准比重与鉴定要素细目

序号	鉴定范围及比重		鉴定点	
	一级	二级	代码	名称
01	接待准备（15%）	仪表准备（8%）	001	服饰和配饰基础知识
02			002	容貌修饰和手部护理知识
03			003	茶事服务中的形体礼仪
04			004	迎宾敬语
05		茶室准备（7%）	001	岗位职责和服务流程
06			002	茶室环境
07			003	茶具准备
08			004	茶室电器和消防设施安全
09	茶艺服务（70%）	冲泡备器（20%）	001	各类茶叶基本知识和识别
10			002	泡茶器具的使用
11		冲泡演示（50%）	001	玻璃杯上投法冲泡绿茶与品饮
12			002	玻璃杯中投法冲泡绿茶与品饮

(续)

序号	鉴定范围及比重 一级	鉴定范围及比重 二级	代码	名称
13	茶艺服务（70%）	冲泡演示（50%）	003	玻璃杯下投法冲泡绿茶与品饮
14	茶艺服务（70%）	冲泡演示（50%）	004	盖碗冲泡茉莉花茶与品饮
15	茶艺服务（70%）	冲泡演示（50%）	005	盖碗冲泡红茶与品饮
16	茶艺服务（70%）	冲泡演示（50%）	006	紫砂壶冲泡台式乌龙茶与品饮
17	茶艺服务（70%）	冲泡演示（50%）	007	紫砂壶冲泡潮汕工夫茶与品饮
18	茶艺服务（70%）	冲泡演示（50%）	008	紫砂壶冲泡普洱熟茶与品饮
19	茶间服务（15%）	茶饮推介（7%）	001	交谈礼仪及沟通艺术
20	茶间服务（15%）	茶饮推介（7%）	002	茶叶的成分与特性知识
21	茶间服务（15%）	茶饮推介（7%）	003	不同季节的饮茶特点
22	茶间服务（15%）	商品销售（8%）	001	顾客离席后的工作
23	茶间服务（15%）	商品销售（8%）	002	茶叶和茶具销售基础知识
24	茶间服务（15%）	商品销售（8%）	003	记账、结账知识
25	茶间服务（15%）	商品销售（8%）	004	茶叶、茶具包装知识
26	茶间服务（15%）	商品销售（8%）	005	售后服务知识

茶艺师（五级）操作技能考核内容层次结构见表 2-7。

表 2-7 茶艺师（五级）操作技能考核内容层次结构

实操科目	科目一 接待准备	科目二 茶艺服务								科目三 茶间服务
鉴定方式	笔答	操作 1							操作 2	口答
考核内容	① 服饰和配饰基础知识 ② 容貌修饰和手部护理知识 ③ 茶事服务中的形体礼仪 ④ 迎宾敬语 ⑤ 岗位职责和服务流程 ⑥ 茶室环境 ⑦ 茶具准备 ⑧ 茶室电器和消防设施安全	玻璃杯上投法冲泡绿茶茶艺演示	玻璃杯中投法冲泡绿茶茶艺演示	玻璃杯下投法冲泡绿茶茶艺演示	盖碗冲泡茉莉花茶	紫砂壶冲泡台式乌龙茶	紫砂壶冲泡潮汕工夫茶	紫砂壶冲泡普洱熟茶	盖碗冲泡红茶	10 种茶样识别与茶器搭配	① 交谈礼仪及沟通艺术 ② 茶叶的成分与特性知识 ③ 不同季节的饮茶特点 ④ 顾客离席后的工作 ⑤ 茶叶和茶具销售基础知识 ⑥ 记账、结账知识 ⑦ 茶叶、茶具包装知识 ⑧ 售后服务知识
选考方式	必考	必考（八选一项）							必考	必考（八选一项）

(续)

实操科目	科目一 接待准备	科目二 茶艺服务		科目三 茶间服务
鉴定比重	15%	50%	20%	15%
考试时间	10 分钟	12 分钟 （加准备时间 5 分钟）	10 分钟	5 分钟
考核场地	现场笔答	现场实操	现场笔答、实操	现场口答

2.4.2 茶艺师（四级）操作技能鉴定要素

茶艺师（四级）技能操作标准比重与鉴定要素细目见表 2-8。

表 2-8 茶艺师（四级）技能操作标准比重与鉴定要素细目

序号	鉴定范围及比重		鉴定点	
	一级	二级	代码	名称
01	接待准备 （15%）	礼仪接待 （8%）	001	接待礼仪及技巧
02			002	不同地区、民族宾客接待要点
03			003	不同宗教信仰宾客接待要点
04			004	不同性别、年龄宾客接待要点
05		茶室布置 （7%）	001	茶室空间布置基本知识
06			002	器物配放基本知识
07			003	茶具与茶叶的搭配知识
08			004	商品陈列原则与方法
09	茶艺服务 （70%）	茶艺配置 （20%）	001	中国主要名茶知识
10			002	新茶、陈茶的特点与识别方法
11			003	茶叶品质与等级
12			004	常用茶具质量识别
13			005	茶艺冲泡台的布置
14		茶艺演示 （50%）	001	地方名优茶的冲泡演示
15			002	中国名茶的冲泡演示
16			003	调饮红茶的制作演示
17			004	用生活茶艺演示名优茶冲泡

(续)

序号	鉴定范围及比重		鉴定点	
	一级	二级	代码	名称
18	茶间服务（15%）	茶品推介（8%）	001	茶点与茶品的搭配
19			002	根据季节搭配茶点
20			003	科学饮茶知识
21			004	中国名泉知识
22			005	茶品推介常见问题解答
23		商品销售（7%）	001	茶叶储存与保管知识
24			002	名优茶销售技巧
25			003	茶具销售基础知识
26			004	家庭茶室的配备知识

茶艺师（四级）操作技能考核内容层次结构见表2-9。

表2-9 茶艺师（四级）操作技能考核内容层次结构

实操科目	科目一 接待准备	科目二 茶艺服务					科目三 茶间服务
鉴定方式	笔答	操作1				操作2	操作3	口答
考核内容	① 接待礼仪及技巧 ② 不同地区、民族宾客接待要点 ③ 不同宗教信仰宾客接待要点 ④ 不同性别、年龄宾客接待要点 ⑤ 茶室空间布置基本知识 ⑥ 器物配放基本知识 ⑦ 茶具与茶叶的搭配知识 ⑧ 商品陈列原则与方法	地方名优茶艺演示	玻璃杯冲泡西湖龙井茶艺演示	文士茶冲泡演示	盖碗冲泡茉莉花茶茶艺演示	盖碗冲泡工夫红茶茶艺演示	调饮红茶制作	紫砂壶冲泡乌龙茶茶艺演示	15种茶样识别与茶器搭配	① 茶点与茶品的搭配 ② 根据季节搭配茶点 ③ 科学饮茶知识 ④ 中国名泉知识 ⑤ 茶品推介常见问题解答 ⑥ 茶叶储存与保管知识 ⑦ 名优茶销售技巧 ⑧ 茶具销售基础知识 ⑨ 家庭茶室的配备知识
选考方式	必考（八选一项）	必考（六选一项）				必考	必考	必考（九选一项）
鉴定比重	15%	20%				30%	20%	15%

(续)

实操科目	科目一 接待准备	科目二 茶艺服务			科目三 茶间服务
考试时间	10分钟	12分钟 （加准备时间5分钟）	12分钟 （加准备时间5分钟）	10分钟	5分钟
考核场地	现场笔答	现场实操	现场实操	现场笔答、实操	现场口答

2.4.3 茶艺师（三级）操作技能鉴定要素

茶艺师（三级）技能操作标准比重与鉴定要素细目见表2-10。

表2-10 茶艺师（三级）技能操作标准比重与鉴定要素细目

序号	鉴定范围及比重		鉴定点	
	一级	二级	代码	名称
01	接待准备 （20%）	礼仪接待 （5%）	001	涉外接待礼仪及技巧
02			002	礼仪接待英语
03			003	特殊宾客的接待
04		茶事准备 （15%）	001	茶叶品评与质量鉴别
05			002	茶叶审评的品质评语
06			003	茶叶审评的各品质因子评分
07			004	高山茶和台地茶的特点与鉴别
08	茶艺服务 （65%）	茶席设计 （15%）	001	仿唐茶席设计
09			002	仿宋茶席设计
10			003	仿明清茶席设计
11			004	文士茶席设计
12			005	禅茶茶席设计
13		茶艺演示 （50%）	001	文士茶艺演示
14			002	地方特色茶艺演示
15			003	唐式煎茶茶艺演示
16			004	仿宋点茶茶艺演示
17			005	红茶茶艺演示
18			006	擂茶茶艺演示
19			007	盖碗工夫茶茶艺演示

(续)

序号	鉴定范围及比重		鉴定点	
	一级	二级	代码	名称
20	茶间服务（15%）	茶事推介（10%）	001	茶叶的传说与典故
21			002	紫砂茶具选购推介
22			003	瓷器茶具选购推介
23			004	茶具的养护知识
24		营销服务（5%）	001	地方名优茶推介
25			002	茶事展示活动

茶艺师（三级）操作技能考核内容层次结构见表2-11。

表2-11 茶艺师（三级）操作技能考核内容层次结构

实操科目	科目一 接待准备	科目二 茶艺服务							科目三 茶间服务
鉴定方式	笔答	操作1						操作2	口答
考核内容	① 涉外接待礼仪及技巧 ② 礼仪接待英语 ③ 特殊宾客的接待 ④ 茶叶品评与质量鉴别 ⑤ 茶叶审评的品质评语 ⑥ 茶叶审评的各品质因子评分 ⑦ 高山茶和台地茶的特点与鉴别	文士茶艺演示	地方特色茶艺演示	唐式煎茶茶艺演示	仿宋点茶茶艺演示	红茶茶艺演示	擂茶茶艺演示	盖碗工夫茶茶艺演示	自创茶艺的茶席设计和茶艺演示	① 茶叶的典故与传说 ② 紫砂茶具选购推介 ③ 瓷器茶具选购推介 ④ 茶具的养护知识 ⑤ 地方名优茶推介 ⑥ 茶事展示活动
选考方式	必考（七选一项）	必考（七选一项）						必考	必考（六选一项）
鉴定比重	20%	30%						35%	15%
考试时间	10分钟	12分钟（加准备时间5分钟）						15分钟（加准备时间5分钟）	5分钟
考核场地	现场笔答	现场实操						现场实操	现场口答

2.4.4 茶艺师（二级）操作技能鉴定要素

茶艺师（二级）技能操作标准比重与鉴定要素细目见表 2-12。

表 2-12 茶艺师（二级）技能操作标准比重与鉴定要素细目

序号	鉴定范围及比重		鉴定点	
	一级	二级	代码	名称
01	茶艺馆创意（20%）	茶艺馆规划（10%）	001	茶艺馆选址
02			002	茶艺馆定位
03			003	茶艺馆布局
04		茶艺馆布置（10%）	001	茶艺馆的区域布置
05			002	茶艺馆的内部布置
06			003	品茗区风格营造
07	茶事活动（50%）	茶艺演示（30%）	001	仿古茶艺演示
08			002	日本茶道、韩国茶礼演示
09			003	英式下午茶演示
10			004	茶艺外语
11		茶会组织（20%）	001	茶会的类型
12			002	茶会设计
13			003	茶会组织
14			004	茶会流程
15			005	茶会的主持
16	业务管理（30%）	服务管理（18%）	001	茶艺馆服务流程
17			002	茶艺服务人员培训
18			003	茶艺馆活动设计
19			004	茶艺表演活动方案
20			005	茶叶和茶具的质量检查流程
21			006	茶艺馆的安全检查及改进
22			007	宾客诉求处理原则及技巧
23		茶艺培训（12%）	001	茶艺培训计划编制
24			002	茶艺培训教学组织
25			003	茶艺演示队的组建和训练安排

茶艺师（二级）操作技能考核内容层次结构见表 2-13。

表 2-13　茶艺师（二级）操作技能考核内容层次结构

实操科目	科目一 茶艺馆创意	科目二 茶事活动			科目三 业务管理	
鉴定方式	笔答	操作		口答	笔答	口答
考核内容	① 茶艺馆选址 ② 茶艺馆定位 ③ 茶艺馆布局 ④ 茶艺馆的区域布置 ⑤ 茶艺馆的内部布置 ⑥ 品茗区风格营造	仿古（煎茶）茶艺演示	日本茶道演示	英式下午茶演示	茶艺外语	① 茶会的类型 ② 茶会设计 ③ 茶会组织 ④ 茶会流程 ⑤ 茶会的主持	① 茶艺馆服务流程 ② 茶艺服务人员培训 ③ 茶艺馆活动设计 ④ 茶艺表演活动方案 ⑤ 茶叶和茶具的质量检查流程 ⑥ 茶艺馆的安全检查及改进 ⑦ 宾客诉求处理原则及技巧 ⑧ 茶艺培训计划编制 ⑨ 茶艺培训教学组织 ⑩ 茶艺演示队的组建和训练安排
选考方式	必考 （六选一项）	必考 （三选一项）		必考	必考 （五选一项）	必考 （十选一项）
鉴定比重	20%	35%		5%	10%	30%
考试时间	10 分钟	15 分钟 （加准备时间 5 分钟）		5 分钟	10 分钟	5 分钟
考核场地	现场笔答	现场实操		现场口答	现场笔答	现场口答

2.4.5　茶艺师（一级）操作技能鉴定要素

茶艺师（一级）技能操作标准比重与鉴定要素细目见表 2-14。

表 2-14　茶艺师（一级）技能操作标准比重与鉴定要素细目

序号	鉴定范围及比重		鉴定点	
	一级	二级	代码	名称
01	茶饮服务 （20%）	品评服务 （10%）	001	不同类型茶饮的基本知识
02	^	^	002	茶饮创新
03	^	^	003	茶叶审评知识的综合运用
04	^	茶健康 服务（10%）	001	茶健康基础知识
05	^	^	002	保健茶配制知识
06	^	^	003	茶健康（疾病预防、养生、调理）知识

51

（续）

序号	鉴定范围及比重		鉴定点	
	一级	二级	代码	名称
07	茶事创作（45%）	茶艺编创（25%）	001	茶艺节目编创知识
08			002	创新茶艺竞技的评分标准
09			003	茶叶营销活动与茶艺的结合
10			004	茶美学知识
11			005	茶艺节目文案
12			006	茶艺解说词
13		茶会创新（20%）	001	茶会类型
14			002	茶会的创意设计
15			003	茶会的策划内容
16			004	茶会的组织实施
17			005	无我茶会与申时茶会
18	业务管理（35%）	经营管理（18%）	001	茶艺馆的经营管理
19			002	茶艺馆营销基本法则
20			003	茶艺馆成本核算
21			004	茶点的类型和选配
22			005	茶宴的类型
23			006	茶艺馆的文创
24			007	茶文化旅游
25		人员培训（17%）	001	茶艺师培训讲义编写
26			002	技师指导的基本知识
27			003	茶艺馆的全员培训
28			004	茶艺馆培训情况分析与总结报告撰写
29			005	茶主题调研报告和论文

茶艺师（一级）操作技能考核内容层次结构见表 2-15。

表 2-15　茶艺师（一级）操作技能考核内容层次结构

实操科目	科目一 茶饮服务	科目二 茶事创作		科目三 业务管理
鉴定方式	口答	操作	笔答	口答
考核内容	① 不同类型茶饮的基本知识 ② 茶饮创新 ③ 茶艺审评知识的综合运用 ④ 茶健康基础知识 ⑤ 保健茶配制知识 ⑥ 茶预防、养生、调理知识	命题茶艺节目编创及操作演示	① 茶会的类型 ② 茶会的创新创意设计要领 ③ 茶会的策划内容 ④ 茶会的组织实施步骤 ⑤ 无我茶会和申时茶会的步骤	① 茶艺馆的经营管理 ② 茶艺馆营销基本法则 ③ 茶艺馆成本核算 ④ 茶点的类型和选配 ⑤ 茶宴的类型 ⑥ 茶艺馆的文创 ⑦ 茶文化旅游 ⑧ 茶艺师培训讲义编写 ⑨ 技师指导的基本知识 ⑩ 茶艺馆的全员培训 ⑪ 茶艺馆培训情况分析与总结报告撰写 ⑫ 茶主题调研报告和论文
选考方式	必考 （六选一项）	必考	必考 （五选一项）	必考 （十二选一项）
鉴定比重	20%	25%	20%	35%
考试时间	5 分钟	15 分钟 （加准备时间 5 分钟）	10 分钟	5 分钟
考核场地	现场口答	现场实操	现场笔答	现场口答

项目 3

理论知识考核指导

3.1 职业道德

3.1.1 职业道德考核要点

职业道德考核要点见表 3-1。

表 3-1 职业道德考核要点

序号	考核要点
1	职业道德基本知识
2	职业守则

3.1.2 模拟题

一、单项选择题

1. 一个企业的健康发展必须建立在（　　）的基础之上。
   A. 证照齐全　　　　　　　　　　B. 守法经营
   C. 开拓创新　　　　　　　　　　D. 经济雄厚
2. 良好的服务态度必须坚定以（　　）为基础。
   A. 过硬的技术　　　　　　　　　B. 扎实的理论知识
   C. 良好的思想品质　　　　　　　D. 高度的敬业精神
3. 社会主义的一切经济活动、职业活动的宗旨是为了满足（　　）的需要。
   A. 国家　　　　B. 企业　　　　C. 人民群众　　　　D. 集体
4. 在工作中加强同事之间的沟通，（　　），只有这样才能出色地完成自己的任务。

A. 增进了解、互相帮助 B. 相互竞争
C. 相互借鉴 D. 批评和自我批评

5. 茶艺师除了训练自己的技能，还要学习了解相关的（　　）、民俗学和历史学的知识，才能够解答消费者的疑问。

A. 营销学 B. 法律 C. 消费心理学 D. 宗教信仰

二、多项选择题

6. 开展道德评价具体体现在茶艺人员之间的（　　）。

A. 批评 B. 相互监督 C. 自我批评
D. 相互学习 E. 对比

7. 钻研业务、精益求精具体体现在茶艺师不但要（　　）地接待品茶客人，而且必须熟练掌握不同茶品的沏泡方法。

A. 主动 B. 热情 C. 提高服务质量
D. 耐心 E. 周到

8. 广义的职业道德是指从业人员在职业活动中应该遵循的行为准则，涵盖了（　　）之间的关系。

A. 从业人员与服务对象 B. 职业与职工
C. 顾客与顾客 D. 监管部门与门店
E. 职业与职业

9. 茶艺师职业修养包括（　　）以及与职业相关的知识、技术方面的因素，基本等同于专业技术修养。

A. 文化水平 B. 职业能力 C. 职业素养
D. 技能等级 E. 综合能力

三、判断题

10. （　　）茶艺师职业道德的基本准则是指热爱茶艺工作，精通业务，追求利益最大化。

参 考 答 案

一、单项选择题

1~5　B　C　C　A　C

二、多项选择题

6　AC　　7　ABDE　　8　ABE　　9　BC

三、判断题

10　×

3.2 基础知识

3.2.1 基础知识考核要点

基础知识考核要点见表 3-2。

表 3-2 基础知识考核要点

序号	考核要点
1	茶文化基础知识
2	茶叶知识
3	茶具知识
4	品茗用水知识
5	茶艺基础知识
6	茶与健康及科学饮茶
7	食品与茶叶营养卫生
8	劳动安全基本知识

3.2.2 模拟题

一、单项选择题

1. 中国是世界上最早发现、栽培种植及利用茶叶的国家。作为茶树的原产地，中国茶产业与当今世界各主要产茶国有着千丝万缕的关联。目前，世界主要产茶国有（　　）多个，大多分布在亚洲地区。

　　A. 50　　　　　　B. 60　　　　　　C. 70　　　　　　D. 80

2. 宋代人的四般闲事（　　）是雅致生活的典范，这四种雅事也是宋代诗意茶生活的标准配置。

　　A. 焚香、点茶、挂画、插花　　　　B. 书法、点茶、挂画、插花
　　C. 焚香、煮水、绘画、品茗　　　　D. 点茶、烹煮、焚香、挂画

3. 明代时，中国的散茶瀹饮法传入日本，称为煎茶。日本茶道包括抹茶道与煎茶道，正宗的日本茶道指的是抹茶道。抹茶是把茶的生叶蒸青之后干燥，然后弄碎，挑掉筋脉，把经过筛选的叶肉片，放在石磨上碾成极细的茶粉即成抹茶。抹茶分为（　　）。

　　A. 浓茶和淡茶　　　　　　　　　　B. 浓茶和厚茶
　　C. 淡茶和厚茶　　　　　　　　　　D. 浓茶和薄茶

4. 现代乌龙茶做青多采用空调间做青，清香型乌龙茶做青间温度要保持在 18~19℃，相对湿度为 65%~75%；浓香型乌龙茶做青间温度为（　　），相对湿度为 70%~80%。

　　A. 20~25℃　　　　B. 19~20℃　　　　C. 18~20℃　　　　D. 20~22℃

5. 茶叶（　　），具有吸附的特性，收藏不当很容易发生不良变化，如变质、变味和陈化等。

　　A. 条索紧实　　　B. 疏松多孔　　　C. 均匀齐整　　　D. 细嫩紧结

6. 清代饮茶在饮用方法上仍然沿袭了明代的（　　），茶具的形式并无大的变化。由于传教士的影响，特别是清末西方文化的大举进入，西洋的茶具开始影响中国茶具的工艺及款式。

　　A. 冲泡法　　　　B. 煎茶法　　　　C. 点茶法　　　　D. 食用法

7. 宜兴制陶的历史悠久，由于瓷器的竞争，陶器在很长时间内一直在社会底层默默发展。到明代，宜兴的（　　）茶具逐渐发展起来，开始受到江南知识分子阶层的重视。

　　A. 金属　　　　　B. 紫砂　　　　　C. 琉璃　　　　　D. 漆器

8. 明代张大复在《梅花草堂笔谈》中阐述茶与水的关系，最常被引用的一句经典语句是（　　）。

　　A. 山水上，江水中，井水下

　　B. 水之德在养人，其味贵甘，其质贵轻

　　C. 茶性必发于水，八分之茶，遇十分之水，茶亦十分矣

　　D. 扬子江中水，蒙山顶上茶

9. 陆羽认为水有三沸，他把沸水分为了几个层次，当锅的边缘有泡连珠般地往上冒，他认为这是（　　）。

　　A. 一沸　　　　　B. 二沸　　　　　C. 三沸　　　　　D. 水老

10. 我们的舌头是感受滋味的重要器官，不同的刺激物有不同的敏感区，舌头的（　　）对苦味特别敏感。

　　A. 舌根　　　　　B. 舌尖　　　　　C. 舌两侧　　　　D. 舌心

11. 下列冲泡流程中，不属于潮汕工夫茶艺流程的是（　　）。

　　A. 高冲低斟　　　B. 凤凰三点头　　C. 关公巡城　　　D. 韩信点兵

12. 芽形茶由单芽组成，如（　　）。

　　A. 太平猴魁　　　B. 君山银针　　　C. 黄山毛峰　　　D. 六安瓜片

13. 品尝茶汤的温度以（　　）左右最为适宜。

　　A. 40℃　　　　　B. 50℃　　　　　C. 60℃　　　　　D. 70℃

14. 下列茶品中，属于大叶种类型工夫红茶的是（　　）。

　　A. 祁红　　　　　B. 滇红　　　　　C. 川红　　　　　D. 宁红

15. 正山小种红茶是我国福建的特产，下列描述不正确的是（　　）。

　　A. 色泽乌润，金毫显露　　　　　　B. 干茶带有浓烈的松烟香
　　C. 汤色呈糖浆状的深金黄色　　　　D. 滋味醇厚，似桂圆汤味

16. 传统加工成篓装散茶，外形紧结重实，匀齐，黑褐油润，内质香气纯正带有独特的槟榔香味的茶品是（　　）。
　　A. 云南普洱茶　　　　　　　　　B. 广西六堡茶
　　C. 安化黑茶　　　　　　　　　　D. 四川康砖

17. 我国西南地区的一些大、中城市，有喝（　　）的习俗，尤其在四川最为流行。
　　A. 大碗茶　　　B. 香茶　　　C. 八宝茶　　　D. 盖碗茶

18. 汉族人饮茶以（　　）为主，南方的绿茶、北方的花茶、西南的普洱茶都是如此。
　　A. 清饮　　　B. 调饮　　　C. 煮饮　　　D. 煎茶

19. 古人品茶颇为讲究，陆羽在（　　）中提出了煮茶二十四器，如风炉、火夹、碾等。
　　A.《茶经》　　　　　　　　　　B.《大观茶论》
　　C.《煎水记》　　　　　　　　　D.《茶道》

20. 大吉岭红茶产量较低，茶叶分四季采摘，其中（　　）月采摘的茶叶为金黄色，香气好，滋味更显著，品质最优，被誉为红茶中的香槟。
　　A. 3~4　　　B. 5~6　　　C. 7~8　　　D. 9~10

21. 茶点大致可以分为干果类、鲜果类、（　　）、西点类、中式点心类五大类。
　　A. 甜点类　　　B. 糖果类　　　C. 水果类　　　D. 小吃类

22. 国外把我国的（　　）与印度大吉岭茶、斯里兰卡红茶并列为世界三大高香茶。
　　A. 滇红　　　B. 宜红　　　C. 祁红　　　D. 川红

23. 制作奶茶的茶品要求滋味（　　）特点明显，汤色明艳红亮。
　　A. 浓强度　　　B. 收敛感　　　C. 苦涩度　　　D. 浓强鲜

24. 红茶总的来说风味以香甜为主，比较适合搭配（　　）、果香味和奶香味的茶点。
　　A. 鲜咸味　　　B. 酸味　　　C. 酸甜味　　　D. 咸味

25. 乌龙茶是半发酵茶，口感介于红茶和绿茶之间，用（　　）或香甜的点心来配，能保留茶的香气，不破坏原有的滋味。
　　A. 鲜辣　　　B. 清淡　　　C. 咸鲜　　　D. 酸甜

26. 摩洛哥人酷爱饮茶，其社交活动中必备的饮料是（　　）。
　　A. 甜味绿茶　　　B. 甜味红茶　　　C. 甜味奶茶　　　D. 甜柠檬茶

27. （　　）爱饮加糖和奶的红茶，也酷爱冰茶。
　　A. 韩国人　　　B. 埃及人　　　C. 美国人　　　D. 德国人

28. 巴基斯坦西北地区流行饮绿茶，多数配以（　　）和豆蔻。
　　A. 盐　　　B. 糖　　　C. 奶　　　D. 咖啡

29. 世界上第一部（　　）的作者是陆羽。
　　A. 茶书　　　B. 经书　　　C. 史书　　　D. 道书

30. 茶树性喜温暖、湿润，通常气温在（　　）最适宜生长。
　　A. 10~16℃　　　B. 18~25℃　　　C. 26~32℃　　　D. 33~38℃

31. 小种红茶属于全发酵茶类，其干茶色泽（　　），茶汤橙红明亮。
    A. 黄褐　　　　　B. 红艳　　　　　C. 褐红　　　　　D. 乌润

32. 乌龙茶属青茶类，为（　　），其茶叶呈深绿或青褐色，茶汤呈蜜绿或蜜黄色。
    A. 全发酵茶　　　B. 轻发酵茶　　　C. 后发酵茶　　　D. 半发酵茶

33. 红茶、绿茶、乌龙茶的香气主要特点是红茶甜香，绿茶板栗香，乌龙茶（　　）。
    A. 清香　　　　　B. 花香　　　　　C. 熟香　　　　　D. 浓香

34. 下列选项中，属于紫砂壶优点的是（　　）。
    A. 白如玉，明如镜，薄如纸，声如磬
    B. 泥色多变，耐人寻味，壶经久用，反而光泽美观
    C. 保温性好，耐腐蚀
    D. 轻巧美观，色泽光亮，能耐高温、耐酸

35. 以下茶叶中不属于卷曲形茶的有（　　）。
    A. 甘露翠螺　　　B. 雨花茶　　　　C. 碧螺春　　　　D. 临海蟠毫

36. 雨花茶是（　　）名优绿茶的代表。
    A. 兰花形　　　　B. 扁平形　　　　C. 针形　　　　　D. 卷曲形

37. 西湖龙井的产地是浙江（　　）一带。
    A. 杭州　　　　　B. 余杭　　　　　C. 新昌　　　　　D. 湖州

38. 碧螺春的滋味特点是（　　）。
    A. 清醇细长鲜爽　B. 陈醇　　　　　C. 浓醇　　　　　D. 醇厚

39. 特一级黄山毛峰形似（　　），肥壮匀齐，色如象牙，叶金黄。
    A. 瓜子　　　　　B. 雀舌　　　　　C. 螺　　　　　　D. 松针

40. （　　）外形条索紧直浑圆，两端略尖，锋苗挺秀，形似松针。
    A. 碧螺春　　　　B. 雨花茶　　　　C. 六安瓜片　　　D. 临海蟠毫

41. 铁观音的香气（　　），滋味醇厚鲜爽回甘，音韵显，汤色金黄清澈明亮。
    A. 馥郁悠长　　　B. 浓郁清长　　　C. 清鲜　　　　　D. 浓醇

42. （　　）是闽北乌龙茶的代表。
    A. 武夷岩茶　　　B. 冻顶乌龙　　　C. 铁观音　　　　D. 凤凰单丛

43. （　　）的香气浓郁清长，滋味醇厚鲜爽回甘，具有特殊"岩韵"，汤色橙黄清澈。
    A. 凤凰水仙　　　B. 永春水仙　　　C. 漳平水仙　　　D. 武夷水仙

44. 我国是世界上最早发现和利用茶树的国家。传说（　　）发现了茶，自唐朝开始流行到全国，饮茶成为风尚。
    A. 陆羽　　　　　B. 神农氏　　　　C. 周文王　　　　D. 尧舜

45. 日本茶人（　　）推广草庵茶，确立了日本茶道精神"和、静、清、寂"的茶道四规。
    A. 千利休　　　　B. 村田珠光　　　C. 荣西禅师　　　D. 江岑宗左

46. 干燥是定型和（　　）的工序，干燥的方法一般用锅和烘干机进行。

A. 萎凋　　　　　B. 杀青　　　　　C. 发酵　　　　　D. 形成香气

47. 特色服务是根据茶艺馆的经营内容、文化及（　　）来确定的。

　　A. 顾客品味　　B. 经济定位　　C. 装修风格　　D. 所处环境

48. 茶叶品质的好坏、等级的划分、价值的高低，主要取决于茶叶外形、香气、滋味、汤色、叶底等，这些通过（　　）来决定。

　　A. 质量检查　　　　　　　　　　B. 感官审评
　　C. 市场规律　　　　　　　　　　D. 消费者评价

49. 审安老人的十二茶器中的茶托，是一件漆器盏托，无论是工艺还是器型都有悠久的历史，称为（　　）。

　　A. 古台先生　　B. 漆雕秘阁　　C. 和琴先生　　D. 和琴老人

50. 海派工夫茶与传统的潮汕工夫茶的主要区别在于，传统工夫茶的投茶量为壶容量的（　　）。

　　A. 1/4　　　　B. 1/2　　　　C. 2/3　　　　D. 1/3

51. 陆羽从饮茶审美的角度，认为（　　）茶具有助于茶色呈现，越瓷优于青瓷。

　　A. 黄色　　　　B. 绿色　　　　C. 白色　　　　D. 青色

52. 评茶室的光线要充足均匀，无阳光直射，窗口装（　　）倾斜的黑色遮光板，使光线柔和稳定。

　　A. 45度　　　　B. 50度　　　　C. 55度　　　　D. 60度

53. 水果茶饮、奶盖茶、（　　）是市场上常见的三种创新茶饮。

　　A. 红碎茶　　　B. 工夫茶　　　C. 窨花茶　　　D. 奶茶

54. 对于注重美容养颜、轻身塑形，喜好甜蜜香气和口感的顾客，可向其推荐温和的（　　）、发酵程度较重的乌龙茶。

　　A. 红茶　　　　B. 白茶　　　　C. 黄茶　　　　D. 黑茶

55. 八因子评茶的规定最主要的特点是将外形项目具体化，在某些情况下，汤色作为（　　）的参考。

　　A. 茶汤研究　　B. 茶叶评价　　C. 最终评定　　D. 审评因子

56. 茶宴的配置通常有固定的规格，日本的茶怀石是（　　），广东的"叹茶"则是一盅两件。

　　A. 两盅一件　　B. 两盅三件　　C. 一汁三菜　　D. 一汁四菜

57. 夏暑宜饮白茶，因白茶加工时，（　　）。

　　A. 不炒不揉　　B. 杀青　　　　C. 堆闷　　　　D. 烘烤

58. 家庭储存茶叶较妥当的做法是（　　）。

　　A. 常用茶叶罐宜小不宜大　　　　B. 常用茶叶罐宜大不宜小
　　C. 将茶叶密封后放入常温干燥处　D. 用透明塑料袋封装

59. 由于绿茶能有效阻断人体内亚硝胺的形成，因而具有一定的（　　）作用。

　　A. 抗衰老　　　B. 健胃　　　　C. 减肥　　　　D. 抗癌

60. （　　）到来宜饮桂花红茶。
    A. 夏暑　　　　　　B. 春分　　　　　　C. 秋至　　　　　　D. 寒冬
61. 乌龙茶必须用（　　）以上的水冲泡。
    A. 80℃　　　　　　B. 85℃　　　　　　C. 90℃　　　　　　D. 95℃
62. 95℃以上的水温适宜冲泡（　　）。
    A. 普洱茶　　　　　　　　　　　　　　B. 安吉白茶
    C. 六安瓜片　　　　　　　　　　　　　D. 黄山毛峰
63. 在味觉的感受中，舌头各部位的味蕾对不同滋味的感受不一样，（　　）易感受鲜味。
    A. 舌尖　　　　　　B. 舌心　　　　　　C. 舌根　　　　　　D. 舌两侧
64. 茶叶中维生素含量最高的茶类是（　　）。
    A. 绿茶　　　　　　B. 红茶　　　　　　C. 黄茶　　　　　　D. 黑茶
65. 茶叶国家强制性标准的内容包括（　　）、检验方法标准和包装标识标准。
    A. 产品质量标准　　　　　　　　　　　B. 加工验收标准
    C. 茶叶销售标准　　　　　　　　　　　D. 卫生标准
66. 《劳动法》对劳动者安全卫生方面的素质要求是（　　）。
    A. 在工作中不应有冒险精神
    B. 为了利润或业绩，允许降低安全系数保障的操作
    C. 执行劳动安全卫生规程
    D. 在岗位上一切以降低成本提高效率为目的
67. 法国人饮用的茶叶及采用的品饮方式因人而异，饮用（　　）的人最多，饮法与英国人类似。
    A. 红茶　　　　　　B. 绿茶　　　　　　C. 花茶　　　　　　D. 白茶
68. 茶多酚是茶叶中最重要的功能性成分，占鲜叶干物质重量的（　　）。
    A. 5%~10%　　　　　B. 8%~12%　　　　　C. 50%~60%　　　　D. 18%~36%
69. 茶叶中的茶多酚、咖啡因可以提神醒脑、养肝护胃，茶氨酸可以（　　）、保护大脑。
    A. 抗腐蚀　　　　　B. 松弛神经　　　　C. 消脂减肥　　　　D. 消炎利尿
70. 茶疗从本质上来说是中医（　　）中的单独分支，结合古代文献及现代实际情况，茶疗分为广义和狭义两类。
    A. 经脉理论　　　　　　　　　　　　　B. 食疗
    C. 阴阳调和　　　　　　　　　　　　　D. 五运六气理论

二、多项选择题

71. 唐代茶叶的种类有（　　）茶。
    A. 粗　　　　B. 散　　　　C. 末　　　　D. 饼　　　　E. 坨

72. 绿茶的发酵度为 0，故属于不发酵茶类，其特点是（ ）。
    A. 叶底完整　　　　　　　B. 茶叶颜色翠绿　　　　　C. 茶汤黄绿明亮
    D. 叶缘有红边　　　　　　E. 滋味浓郁

73. 盖碗又称"三才碗"，蕴含（ ）的道理。
    A. 闻道之　　　　　　　　B. 天盖之　　　　　　　　C. 地载之
    D. 人育之　　　　　　　　E. 才溢之

74. 瓷器茶具按色泽不同可分为（ ）茶具等。
    A. 彩瓷　　　B. 白瓷　　　C. 青瓷　　　D. 红瓷　　　E. 黑瓷

75. 陆羽《茶经》指出：其水，用（ ），其山水，拣乳泉、石池漫流者上。
    A. 山水上　　　　　　　　B. 江水中　　　　　　　　C. 泉水佳
    D. 井水下　　　　　　　　E. 溪水宜

76. 在茶叶不同类型的滋味中，醇和型的代表茶是普洱茶、（ ）等。
    A. 工夫红茶　　　　　　　B. 西湖龙井茶　　　　　　C. 霍山黄芽
    D. 金山翠芽　　　　　　　E. 六堡茶

77. 茶艺不仅仅是一种服务，它更是（ ）。
    A. 一种文化　　　　　　　B. 一种生活方式　　　　　C. 消费理念
    D. 价值体现　　　　　　　E. 生活需求

78. 根据《保护非物质文化遗产公约》定义，"非物质文化遗产"包括（ ）。
    A. 口头传说和表述　　　　　　　　　B. 表演艺术
    C. 社会风俗、礼仪、节庆　　　　　　D. 有关自然界和宇宙的知识和实践
    E. 传统的手工艺技能

79. 茶叶自古就流传到海外，外传的路径有三条：分别是（ ）。
    A. 战争　　　　　　　　　B. 边茶贸易　　　　　　　C. 丝绸之路
    D. 海上丝绸之路　　　　　E. 外国传教士

80. 茶叶审评通常分为外形审评和内质审评两个项目，其中外形审评包括（ ）因子。
    A. 形状　　　　　　　　　B. 整碎　　　　　　　　　C. 色泽
    D. 净度　　　　　　　　　E. 风格

81. 在以下有关权益的表述中，属于劳动者权利的是（ ）。
    A. 享有平等就业和选择职业的权利　　B. 取得劳动报酬的权利
    C. 休息休假的权利　　　　　　　　　D. 要求被录用的权利
    E. 人民代表选举权

82. 《劳动法》规定，用人单位在（ ）期间应当依法安排劳动者休假。
    A. 元旦　　　　　　　　　　　　　　B. 春节
    C. 国际劳动节　　　　　　　　　　　D. 国庆节
    E. 法律、法规规定的其他休假节日

83. 效果评估中的目标评估，是通过回访参加茶会的人员来判断目标的达成度，具体的

方法有（　　）。采用哪种方式要看茶会的组织者与参加者的熟悉程度。

　　A. 访谈式　　　　　　　B. 上门调查　　　　　　C. 问卷调查

　　D. 电话调查　　　　　　E. 约谈调查

84. 茶艺师在诚信方面要做到（　　）。

　　A. 产品不虚假夸大　　　　　　B. 信守承诺

　　C. 真实无欺，合理收费　　　　D. 诚实可靠，拾金不昧

　　E. 规范服务，有错必纠

85. 再加工茶包括（　　）。

　　A. 花茶　　　　　　　　B. 紧压茶　　　　　　　C. 萃取茶

　　D. 果味茶　　　　　　　E. 药用保健茶

三、判断题

86. （　　）茶叶用低温保鲜法储存的话，冷库的除湿效果要好，空气相对湿度应控制在 60% 以内（50% 以下更佳），不需要用防潮性能好的包装材料对茶叶进行包装。

87. （　　）法国人饮茶最著名的就是下午茶，茶具以银锡制品及骨瓷为主。银锡茶壶外观闪亮，有宫廷气息。骨瓷茶具有明亮的光泽与艳丽的颜色，纹样以花为多，透着田园风格。

88. （　　）烘青绿茶的干燥以烘为主，滋味清醇甘爽，但香味不及炒青绿茶浓郁。

89. （　　）君山银针产于湖南省岳阳洞庭湖中的君山，芽形如针，故名君山银针。

90. （　　）安溪铁观音产于福建省安溪县，创制于明代，为历史名茶。

91. （　　）清代梁章钜在《归田琐记》中指出"至茶品之四等"的从低到高等级的顺序是"香、清、甘、活"。

92. （　　）日本茶道中有"怀石料理"，分量很多，可以饱腹，是为了解决茶醉问题而设的。

93. （　　）最早记载茶为药用的书籍是《大观茶论》。

94. （　　）宋代"豆子茶"的主要成分是红豆、小麦、葱、醋、茶。

95. （　　）宋代斗茶的主要内容是看茶色、汤花。

96. （　　）茶树扦插繁殖后代，能充分保持母株抗病和抗旱能力。

97. （　　）茶具这一概念最早出现于西汉时期陆羽《茶录》中"武阳买茶，烹茶尽具"。

98. （　　）在冲泡茶的基本程序中，淋壶的目的之一是提高茶具的温度。

99. （　　）用玻璃杯泡绿茶，茶叶用量按杯容积的大小而定，一般以每克茶冲 100~150 毫升的水的比例。

100. （　　）白族是个热情好客的民族，白族人会用"一苦、二甜、三回味"的三道茶款待客人。

101. （　　）蒙古族主要居住在内蒙古及其边缘的一些省、区，喝奶茶是蒙古族的传统

饮茶习俗。蒙古族制作奶茶的原料：青砖茶或黑砖茶、奶、冰糖。

102.（ ）将团饼茶碾磨成粉，过罗筛分，将茶粉置茶盏，沸水冲泡，用茶筅击拂成悬浮液，用这种方法来评比茶叶质量优劣和茶道技艺高低的活动，被称为斗茶或者茗战。

103.（ ）明永乐二十四年（公元1391年）九月，明成祖皇帝朱棣下诏废团茶。

104.（ ）从事不同职业者选择茶饮时，脑力劳动者以饮红茶、乌龙茶为佳。

105.（ ）机井的水较清澈，适宜泡茶。

106.（ ）新茶转变为陈茶的过程中，茶叶自身的内含物质发生了巨大变化，滋味与香气变得较为单一，出现陈味。

107.（ ）按照食品中污染物限量标准规定，天然有机茶中的六六六、滴滴涕残留量不得高于0.05毫克/千克。

108.（ ）泡茶时，需根据不同的茶，选择不同的器具和冲泡方法。

参考答案

一、单项选择题

1~5	B	A	D	D	B	6~10	A	B	C	B	A
11~15	B	B	B	B	A	16~20	B	D	A	A	B
21~25	B	C	D	C	C	26~30	A	C	B	A	B
31~35	D	D	B	B	B	36~40	C	A	D	B	B
41~45	A	A	D	B	B	46~50	D	B	B	B	C
51~55	D	D	D	A	C	56~60	C	A	A	D	D
61~65	D	A	B	A	D	66~70	C	A	D	B	B

二、多项选择题

71	ABCD	72	BC	73	BCD	74	BCE	75	ABD
76	AE	77	AB	78	ABCDE	79	BCD	80	ABCD
81	ABC	82	ABCDE	83	ACD	84	ABCDE	85	ABCDE

三、判断题

86~90	×	×	√	√	×	91~95	√	×	×	×
96~100	×	×	√	×	√	101~105	×	√	×	×	×
106~108	√	×	√							

3.3 接待准备

3.3.1 接待准备考核范围和考核要点

接待准备考核范围和考核要点见表3-3。

表 3-3　接待准备考核范围和考核要点

工作内容（考核范围）	相关知识要求
五级：仪表准备 四级、三级：礼仪接待	五级 茶艺师服饰、佩饰基础知识 茶艺师容貌修饰、手部护理常识 茶艺师发型、头饰常识 茶事服务形体礼仪基本知识 普通话、迎宾敬语基本知识 四级 接待礼仪与技艺基本知识 不同地区宾客服务的基本知识 不同民族宾客服务的基本知识 不同宗教信仰宾客服务的基本知识 不同性别、年龄宾客服务的基本知识 三级 涉外礼仪的基本要求及各国礼仪与禁忌 礼仪接待英语基本知识 特殊宾客服务接待知识
五级：茶室准备 四级：茶室布置 三级：茶事准备	五级 茶室工作人员岗位职责和服务流程 茶室环境卫生要求 茶具用品消毒洗涤方法 灯光、音响设备使用方法 消防灭火器的操作方法 防毒面具使用方法 四级 茶空间布置基本知识 器物摆放基本知识 茶具与茶叶的搭配知识 商品陈列原则与方法 三级 茶叶品评的方法及质量鉴别 高山茶与台地茶鉴别方法 瓷器茶具的款式及特点 陶器茶具的款式及特点

3.3.2　模拟题

一、单项选择题

1. 茶艺师在正常工作状态下，佩戴首饰应遵循（　　）的原则。
   A. 成套出现　　　B. 与服装搭配　　　C. 不超过 3 样　　　D. 不戴或少戴
2. （　　）是茶艺师的"第二面孔"。
   A. 名片　　　　　B. 发型　　　　　　C. 手　　　　　　　D. 身材
3. 茶艺师为信仰佛教的宾客服务，一般可行合十礼，可以问（　　）。
   A. 姓名　　　　　B. 姓氏　　　　　　C. 佛号　　　　　　D. 法号
4. 茶室的公共空间按（　　）可划分为饮茶区、表演区、展示区、操作区。

A. 功能 B. 操作 C. 风格 D. 喜好

5. 近年来，茶室空间的（　　），在整个茶室空间中的意义越来越突出。

A. 绿化 B. 装饰布置 C. 红木家具 D. 装修材料

6. 饮茶佐以点心的历史悠久，（　　）代即已盛行。

A. 汉 B. 宋 C. 元 D. 唐

7. 在一般茶艺服务接待中，当规范的茶艺接待方式不适应宾客时，下列处理方法中较为恰当的是（　　）。

A. 坚持以我国的接待礼仪

B. 想尽办法让宾客适应我国的民族礼节

C. 为了表示对宾客的友好，完全采用他们的礼节

D. 可适当运用他们的礼节、礼仪，以表示对宾客的尊重和友好

8. 茶艺师在接待外宾时，要以（　　）的姿态出现，特别要注意维护国格和人格。

A. 民间外交官 B. 茶大使

C. 中国文化传播大使 D. 主人翁

9. "我能帮助您吗"用英语最妥当的表述是（　　）。

A. Can I have any assistance B. Can I be of any assistance

C. Can I be any assistance D. Can I be of some assistance

10. "请问您的电话号码是多少"用英语最妥当的表述是（　　）。

A. Must I have your telephone number please

B. May I have your telephone number please

C. Need I have your telephone number please

D. Would I have your telephone number please

11. "请问先生有几位"用英语最妥当的表述是（　　）。

A. How many are you, sir B. How much are you, sir

C. How much are you, madam D. How many are you, gentleman

12. "我们只收现金"的英文表示是（　　）。

A. We only take cash B. We don't accept cash

C. We only accept credit card D. We only accept check

13. "こんにちは"的意思是（　　）。

A. 再见 B. 您好 C. 晚安 D. 回见

14. "お目にかかって大変嬉しいです"的意思是（　　）。

A. 好久不见 B. 很高兴见到您

C. 近来好吗 D. 请慢走

15. （　　）最具有中国传统文化精神。

A. 紫砂茶具 B. 陶瓷茶具 C. 玻璃茶具 D. 金属茶具

二、判断题

16.（　　）茶艺服务中的文明用语通过语言、表情、声调等表达出来，与品茶客人交流时要语气平和、态度和蔼、热情友好。

17.（　　）茶艺师可以用关切的问询、征求的态度、提问的方式和有针对性的回答来与顾客沟通并加深理解，有效提高茶馆的服务质量。

18.（　　）建水窑位于云南建水县，早在宋代，这里就生产青瓷，元、明两代这里也生产青花瓷，瓷业达到鼎盛时期。

19.（　　）竹木茶具的特点是质地透明、光泽夺目，但容易破碎、烫手。

20.（　　）景瓷宜陶是唐代茶具的代表。

参 考 答 案

一、单项选择题

1~5　D C D A B　　　　　　　　6~10　D D A B B

11~15　A A B B A

二、判断题

16~20　√　√　√　×　×

3.4 茶艺服务

3.4.1 茶艺服务考核范围和考核要点

茶艺服务考核范围和考核要点见表3-4。

表3-4　茶艺服务考核范围和考核要点

工作内容（考核范围）	相关知识要求
五级：冲泡备器 四级：茶艺配置 三级：茶席设计	**五级** 茶叶分类、品种、名称、基本特征基础知识 茶单基本知识 泡茶器具的种类和使用方法 安全用电常识和备水、烧水器具的使用规程 **四级** 中国主要名茶知识 新茶、陈茶的特点与识别方法 茶叶品质和等级的判定方法 常用茶具质量的识别方法 茶艺冲泡台的布置方法 **三级** 茶席基本原理知识 茶席设计类型知识 茶席设计技巧知识 少数民族茶俗与茶席设计知识 茶席其他器物选配基本知识

(续)

工作内容（考核范围）	相关知识要求
五级：冲泡演示 四级、三级：茶艺演示	**五级** 不同茶类投茶量和水量要求及注意事项 不同茶类冲泡水温、浸泡时间要求及注意事项 玻璃杯、盖碗、紫砂壶使用要求与技巧 茶叶品饮基本知识 **四级** 茶艺冲泡的要素 泡茶用水的水质要求 调饮红茶的制作方法 不同类型的生活茶艺知识 **三级** 茶艺演示台布置及茶艺插花、熏香、茶挂基本知识 茶艺演示与服饰相关知识 茶艺演示与音乐相关知识 茶席设计主题与茶艺演示运用知识 各地风味茶饮和少数民族茶饮基本知识 茶艺演示组织与文化内涵阐述相关知识

3.4.2 模拟题

一、单项选择题

1. 当点单结束或奉茶后，茶艺师（　　）。

　　A. 不能离开　　　　　　　　　　　　B. 应等一会儿再离开

　　C. 应立刻转身　　　　　　　　　　　D. 应后退两三步再转身离开

2. 煮饮黑砖茶，通常用较大的茶壶或锅，一般每 50 克砖茶加水（　　）升，在火上煨煮。

　　A. 0.5~1　　　　B. 1~1.5　　　　C. 1.5~2　　　　D. 2~2.5

3. 传统杯泡法冲泡细嫩绿茶，水温一般在（　　）为宜。

　　A. 70℃　　　　B. 85℃　　　　C. 90℃　　　　D. 100℃

4. 玻璃杯冲泡绿茶、红茶时，第一泡杯中剩余（　　）时，再续入开水。

　　A. 1/2　　　　B. 1/3　　　　C. 1/4　　　　D. 1/5

5. 西湖龙井的品质因产地的（　　）与炒制技术的差异而各具特色。

　　A. 价格　　　　B. 小气候　　　　C. 茶青　　　　D. 土壤

6. 江苏洞庭碧螺春创制于（　　），因产于碧螺峰而得名，又因香气奇异而得名"吓煞人香"，为历史名茶。

　　A. 明朝　　　　B. 唐朝　　　　C. 清朝　　　　D. 汉朝

7. 霍山黄茶产于安徽省霍山县，茶树品种为（　　）。

　　A. 祁门种　　　　　　　　　　　　　B. 褚叶种

　　C. 霍山金鸡种　　　　　　　　　　　D. 鸠坑种

8. 白毫银针产于福建省福鼎市与（　　）。
   A. 太姥山　　　　　B. 政和县　　　　　C. 建阳区　　　　　D. 南平市
9. 武夷山大红袍，产于福建省武夷山，成品茶香气浓郁，滋味醇厚，有明显（　　）特征。
   A. 喉韵　　　　　　B. 岩韵　　　　　　C. 蜜韵　　　　　　D. 山韵
10. 红茶属于全发酵茶类，其干茶色泽（　　），茶汤橙红红亮。
    A. 墨黑　　　　　　B. 发红　　　　　　C. 褐红　　　　　　D. 乌润
11. 红茶的香气主要特点是（　　）。
    A. 清香　　　　　　B. 甜香　　　　　　C. 熟香　　　　　　D. 浓香
12. 茶艺演示的目的是给顾客泡好一杯茶，在此基础上展现（　　）的文化与风采。
    A. 茶文化　　　　　B. 茶艺馆　　　　　C. 茶艺师　　　　　D. 中国茶
13. 茶艺冲泡的要素，包含了（　　）、冲泡水温、冲泡时间三个要素，简称泡茶三要素。
    A. 茶叶　　　　　　B. 水　　　　　　　C. 茶具　　　　　　D. 茶水比
14. 金骏眉适宜用（　　）的水温冲泡。
    A. 70~80℃　　　　B. 95℃以上　　　　C. 80~85℃　　　　D. 85~90℃
15. 细嫩绿茶、（　　）、细嫩红茶，这三类茶的冲泡时间大致相当。
    A. 花茶　　　　　　B. 黑茶　　　　　　C. 黄小茶　　　　　D. 乌龙茶
16. 乌龙茶的冲泡对香气、口感要求较高，一般茶水比为1∶20左右，水温为（　　）以上，以催发茶叶香气。
    A. 95℃　　　　　　B. 90℃　　　　　　C. 80℃　　　　　　D. 85℃
17. 冲泡普洱茶一般用（　　）以上的水温冲泡。
    A. 80℃　　　　　　B. 85℃　　　　　　C. 90℃　　　　　　D. 95℃
18. （　　）易体现出茶的本味，是适合泡茶的水。
    A. 软水　　　　　　B. 硬水　　　　　　C. 蒸馏水　　　　　D. 雨水
19. 泡茶用水要求水的混浊度不得超过（　　），不含肉眼可见悬浮微粒。
    A. 3度　　　　　　 B. 5度　　　　　　 C. 8度　　　　　　 D. 1度
20. 陆羽《茶经》指出：其水，用（　　）上，江水中，井水下。
    A. 蒸馏水　　　　　B. 纯净水　　　　　C. 山水　　　　　　D. 雨水

二、判断题

21. （　　）我国茶具种类繁多，从器型上来说，主要有壶、盖碗、杯这三大类。
22. （　　）茶匙是用来从茶叶罐中盛取干茶的器具，并用于欣赏干茶的外形及茶香。
23. （　　）茶叶中的茶多酚具有辅助降血脂、降血糖、降血压的药理作用。
24. （　　）泡饮乌龙茶宜用"一沸"的水冲泡。
25. （　　）没有被污染的雨水和雪是比较纯净的，历来被用来煮茶，特别是雪水。

参 考 答 案

一、单项选择题
1~5　D C B B B　　　　　6~10　A C B B D
11~15　B B D D C　　　　16~20　A D A B C

二、判断题
21~25　× × √ × √

3.5　茶间服务

3.5.1　茶间服务考核范围和考核要点

茶间服务考核范围和考核要点见表3-5。

表3-5　茶间服务考核范围和考核要点

工作内容（考核范围）	相关知识要求
五级：茶饮推介 四级：茶品推介 三级：茶事推介	五级 交谈礼仪规范及沟通艺术，了解宾客消费习惯 茶叶成分与特性基本知识 不同季节的饮茶特点 四级 茶点与各茶类搭配知识 不同季节茶点搭配方法 科学饮茶与人体健康基本知识 中国名茶、名泉知识 解答宾客咨询茶品的相关知识及方法 三级 茶叶的传说、典故 茶叶感观审评基本知识及专业术语 紫砂茶具的选购知识 瓷器茶具的选购知识 不同茶具的特点及养护知识
五级、四级：商品销售 三级：营销服务	五级 结账、记账基本程序和知识 茶叶销售基本知识 茶具销售基本知识 茶叶、茶具包装知识 售后服务知识 四级 茶叶储存保管知识 名优茶、特殊茶品销售基本知识 名家茶器、柴烧、手绘茶具源流及特点 家庭茶室用品选配基本要求 茶商品调配知识 三级 茶馆营销基本知识 茶馆消费品调配相关知识 茶事展示活动常识

3.5.2 模拟题

一、单项选择题

1. 客人交谈时,茶艺师应该( )。
    A. 不旁听不插话 B. 保持互动随时插话
    C. 与客人一起热烈讨论 D. 悄悄记住
2. 任何一份茶单的编写都不是随心所欲的,关于茶单的描述,不正确的是( )。
    A. 按经营时间划分有早茶单、午茶单、下午茶单
    B. 茶饮式茶馆的茶单中,茶饮品的选择更专业,有的不提供茶食、茶点
    C. 茶餐厅通常将茶饮放在重要位置上,茶餐作为辅助项目
    D. 凉茶店多开设在广东、香港和澳门,主要提供滋补凉茶,并在每款茶后附上功效
3. 顾客使用信用卡结账时,应先进行核卡,检查信用卡是否有效,然后连同账单一起交给收银员进行结算。服务员将签购单重新交给顾客,由顾客在签购单上签字,收银员审核签字是否与信用卡上的签字相符。结束后将账单( )及信用卡收据另外三联送回收银处。
    A. 第一联 B. 第二联 C. 第三联 D. 所有联
4. 乌龙茶的水浸出物一般在( )。
    A. 50%~60% B. 60%~70% C. 70%~80% D. 80%~90%
5. 收拾用过的茶具、食碟及桌面垃圾,将垃圾按照( )分别收拾清理,按照店面要求重新布置台面、摆放茶具。
    A. 颜色区分 B. 功能区分 C. 材料区分 D. 分类标准
6. 过量饮浓茶,会引起头痛、( )、失眠、烦躁等不良症状。
    A. 恶心 B. 糖尿病 C. 癌症 D. 低血糖
7. 冲泡茶叶和品饮茶汤是茶艺形式的重要表现部分,称为"行茶程序",共分为三个阶段,分别是( )。
    A. 备器阶段、冲泡阶段、奉茶阶段
    B. 准备阶段、操作阶段、完成阶段
    C. 迎宾阶段、茶艺演示阶段、送客阶段
    D. 备茶阶段、泡茶阶段、奉茶阶段
8. 在茶冲泡的过程中,在( )程序中茶艺师可以借用形体动作传递对宾客的敬意。
    A. 赏茶 B. 煮水 C. 奉茶 D. 收具
9. 在茶叶不同类型的滋味中,( )型的代表茶是六堡茶、工夫红茶等。
    A. 醇和 B. 浓厚 C. 鲜醇 D. 平和
10. 我国台湾"吃茶流"茶艺程序中( )的主要目的是避免壶底水滴落杯中。
    A. 摇壶 B. 干壶 C. 淋壶 D. 烫壶

二、判断题

11. （　） 在顾客消费结束买单时，茶艺师需要说明消费细则是符合《消费者权益保护法》的。

12. （　） 在茶艺馆服务时要拾起落在地面的物品，在下蹲时右脚在前，左脚在后，右小腿垂直于地面，全脚着地。

13. （　） 茶叶的保存应注意氧气的控制，茶中脂肪类物质的氧化、B族维生素的氧化等都和氧气有关。

14. （　） 构成礼仪最基本的三大要素是思想、行为、表现。

15. （　） 机井的水虽然比较清澈，但矿物质含量往往较高，并不适宜泡茶。

参 考 答 案

一、单项选择题
1~5　A C B B C　　　　　　　　6~10　D B C A B
二、判断题
11~15　× × √ × √

3.6　茶艺馆创意

3.6.1　茶艺馆创意考核范围和考核要点

茶艺馆创意考核范围和考核要点见表3-6。

表3-6　茶艺馆创意考核范围和考核要点

工作内容（考核范围）	相关知识要求
茶艺馆规划	茶艺馆选址基本知识 茶艺馆定位基本知识 茶艺馆整体布局基本知识
茶艺馆布置	茶艺馆不同区域分割与布置原则 茶艺馆陈列柜和服务台布置常识 品茗区风格营造基本知识

3.6.2　模拟题

一、单项选择题

1. 在开设茶艺馆之前，茶艺馆的经营者必须进行充分的调查、考察和研究，通过（　　），有针对性地进行经营和管理，从而更好地吸引顾客，提高茶艺馆的经济效益和社会效益。

A. 比较 B. 对比 C. 定位 D. 判断

2. 我们在规划茶艺馆的主题时，既要从贸易与销售的角度思考，又要考虑其中的（　　）因素。

A. 环保 B. 商业 C. 价位 D. 变化

3. 灯是（　　），因为有了光，我们才能看见大千世界，灯则延伸了大自然赋予我们的视觉能力。

A. 色彩的反映 B. 自然光的延伸
C. 色彩的折射 D. 色彩的叠加

4. 茶艺馆的内部布局应根据不同的规模、市场定位、（　　）要求，进行合理规划与功能分区，为经营创造便利条件。

A. 行业规范 B. 顾客品味
C. 消费水平 D. 动静结合

5. 品茶室可根据房屋结构和大小，设（　　）和散座。

A. 棋牌室 B. 餐厅 C. 各种包厢 D. 厅座

二、多项选择题

6. 茶艺馆的选择要确保经营的可行性，应考虑的经营因素主要涉及（　　）等几个方面。

A. 客流量 B. 环境保护 C. 年龄结构
D. 经营环境 E. 建筑结构

7. 要合理安排茶艺馆的内部布局，布局分隔合理与否，直接体现了茶艺馆的视觉效果与品位档次。茶艺馆的内部主要划分为（　　）等几个部分。

A. 吧台区 B. 饮茶区 C. 表演区
D. 工作区 E. 配电房

8. 风格营造需要对文化符号准确利用，每一种风格都有象征其文化特征的物品及其搭配方式。（　　）都是茶文化的符号。

A. 茶叶 B. 茶具 C. 茶营销
D. 茶人 E. 茶事

三、判断题

9. （　　）茶艺馆的布置往往体现了茶艺馆的文化品位、文化氛围和经营者的文化修养。

10. （　　）风格营造需要准确利用文化符号，每一种风格都有象征其文化特征的物品及其精神含义。

参 考 答 案

一、单项选择题
1~5　C　B　B　A　C

二、多项选择题
6 ADE　　7 BCD　　8 ABDE

三、判断题
9~10　√　×

3.7　茶饮服务

3.7.1　茶饮服务考核范围和考核要点

茶饮服务考核范围和考核要点见表 3-7。

表 3-7　茶饮服务考核范围和考核要点

工作内容（考核范围）	相关知识要求
品评服务	不同类型茶饮基本知识 茶饮创新基本原理 茶叶审评知识的综合运用
茶健康服务	茶健康基础知识 保健茶饮配置知识 茶预防、养生调理基本知识

3.7.2　模拟题

一、单项选择题

1. 顾客消费都有特定的兴趣和偏好，不同的人选择标准存在一定的差异，表现在对茶艺馆的选择上就有一定的（　　）。

　　A. 专一性　　　　B. 随机性　　　　C. 倾向性　　　　D. 过渡性

2. 与其他饮食场所不同的是，茶馆的文化氛围与（　　）更浓厚，所以在接待礼仪上也要体现出这样的特点。

　　A. 民族氛围　　　B. 消费档次　　　C. 民俗氛围　　　D. 顾客品位

3. 茶艺馆的布置往往体现了茶艺馆的文化品位、文化氛围和经营者的（　　）。

　　A. 文化修养　　　B. 经济实力　　　C. 经营理念　　　D. 技术水平

4. （　　）是一切文化艺术发展的动力和灵魂。

　　A. 创新　　　　　B. 规范　　　　　C. 标准　　　　　D. 统一

5. 茶艺的创新是在继承传统茶艺优秀成果基础上的创新，在提升茶艺作品的质量和效果的因素如背景烘托、音乐选择、沏茶手法、（　　）等方面采用创新意识。

　　A. 茶空间　　　　　B. 茶艺解说　　　　C. 仪容仪表　　　　D. 茶席设计

6. 纯茶汁是茶叶经预处理、浸提、澄清等工序处理后制成的具有（　　）的制品。

　　A. 独特风味　　　　　　　　　　　B. 产品特性

　　C. 原茶汤风味　　　　　　　　　　D. 保健品风味

7. （　　）是日常生活中最常用的饮茶方法。

　　A. 盖碗冲泡　　　　B. 即泡即饮　　　　C. 工夫泡　　　　D. 壶泡法

8. 在茶艺馆的点心中，（　　）在手法上多采用煎、炸、烘、烤等，主要有酥皮类点心、米粉类点心、面粉类点心等。

　　A. 北方点心　　　　B. 沿海点心　　　　C. 日式点心　　　　D. 南方点心

9. 茶汤中加入水、甜味剂、酸味剂、香精或其他添加剂等调剂加工而成的饮品，称为（　　）。

　　A. 成品茶　　　　　B. 原叶茶　　　　　C. 速溶茶　　　　　D. 茶饮料

10. 茶艺馆的茶点搭配中，酸味果品可以调和（　　）浓强刺激的口感，蜜饯果铺、柠檬片、橙子、柚子等都比较适合。

　　A. 绿茶　　　　　　B. 乌龙茶　　　　　C. 红茶　　　　　　D. 黑茶

二、多项选择题

11. 调饮茶饮可满足不同（　　）的差异化需求，既增加了茶饮口感的丰富性，又具有一定的养生保健作用。

　　A. 年龄　　　　　　B. 性别　　　　　　C. 工作

　　D. 体质　　　　　　E. 身高

12. 纯茶汁是茶叶经（　　）等工序处理后，制成的具有原茶汤风味的制品。

　　A. 预处理　　　　　B. 过滤　　　　　　C. 沉淀

　　D. 浸提　　　　　　E. 澄清

13. 茶饮料指用水浸泡茶叶，经（　　）等工艺制成的茶汤。

　　A. 抽提　　　　　　B. 过滤　　　　　　C. 浓缩

　　D. 沉淀　　　　　　E. 浸泡

14. 质量好、等级高的乌龙茶外形（　　），品质特征或地域特征明显。

　　A. 灰绿　　　　　　B. 芽毫肥壮　　　　C. 肥厚软亮

　　D. 重实　　　　　　E. 紧结

15. 茶艺馆的服务可分为（　　）。

　　A. 定制服务　　　　B. 常规服务　　　　C. 自助服务

　　D. 特殊服务　　　　E. 邀约服务

三、判断题

16.（　　）在原材料的选择上，新式茶饮采用优质茶叶、鲜奶、蔗糖、新鲜水果等天然、优质的食材，在茶底和配料上的选择更加多样化，打破传统茶饮观念的束缚。

17.（　　）八因子评茶的规定最主要的特点是将外形审评项目具体化，分列为四个因子，在某些情况下，叶底被视为附带因子，仅作为品质最终评定的参考。

18.（　　）茶艺服务人员能够根据茶品的种类、级别、仓储、年份等特征选择配套器具、冲泡方法，为顾客提供专业化的服务。

19.（　　）老年人身体较弱，新陈代谢缓慢，宜多饮浓茶刺激消化。

20.（　　）茶艺表演时，在解说方面要掌握语言的优美和停顿留白，避免不停地说话冲淡主题，破坏茶道清净雅致的艺术之美。

参 考 答 案

一、单项选择题
1~5　C C A A D　　　　　　6~10　C B D D C

二、多项选择题
11　ABCD　　12　ADE　　13　ABCD　　14　DE　　15　BD

三、判断题
16~20　√　×　√　×　√

3.8 茶事活动

3.8.1 茶事活动考核范围和考核要点

茶事活动考核范围和考核要点见表3-8。

表3-8　茶事活动考核范围和考核要点

工作内容（考核范围）	相关知识要求
茶艺演示	仿古茶艺演示基本知识 日本茶道基本知识 韩国茶礼基本知识 英式下午茶基本知识 茶艺专用外语知识
茶会组织	茶会类型知识 茶会设计基本知识 茶会组织与流程知识 主持茶会基本技巧

3.8.2 模拟题

一、单项选择题

1. 仿古茶艺主要是根据文献和考古资料复原古人（　　）的茶艺表演，如宫廷茶艺表演、文士茶艺表演等。

　　A. 宫廷活动　　　　B. 社交生活　　　　C. 品茗活动　　　　D. 生产劳动

2. 英式下午茶非常讲究，食用茶点的顺序一般也是从下到上，滋味（　　）。

　　A. 先甜后咸　　　　B. 先苦后甜　　　　C. 由淡至重　　　　D. 鲜爽淡雅

3. "白毫银针"的英文名称除了直译外，还可以表述为（　　）。

　　A. White Peony　　　　　　　　　　B. Silver Needle
　　C. Jasmine tea　　　　　　　　　　D. Chi Tse Beeng Cha

4. "茉莉花茶"的英文表述是（　　）。

　　A. Compressed tea　　　　　　　　B. Scented tea
　　C. Jasmine tea　　　　　　　　　　D. Fuiit flavored tea

5. "正山小种"的英文表述是（　　）。

　　A. Keemun black tea　　　　　　　B. Yingde black tea
　　C. Panyang Congou　　　　　　　　D. Lapsang Souchong

6. "半发酵茶"的英文表述是（　　）。

　　A. Non-fermented tea　　　　　　　B. Semi-fermented tea
　　C. Fermented tea　　　　　　　　　D. Post-fermented tea

7. "您现在要点茶了吗"用英语最稳妥的表述是（　　）。

　　A. May I take your order now　　　　B. Do you want to choice tea
　　C. Can you choice the tea now　　　　D. Would you please recommend tea to us

8. "ウーロン茶を入れてください"意思是（　　）。

　　A. 请给我泡一杯龙井茶　　　　　　B. 请给我泡一杯乌龙茶
　　C. 吴龙请给我泡一杯茶　　　　　　D. 请给我泡一杯伯爵红茶

9. 在茶会的流程安排中，要将茶会的内容按节奏安排，通常（　　）环节要安排在后面。

　　A. 静态　　　　B. 动态　　　　C. 互动　　　　D. 营销

10. 在茶会策划中，要确认一个有经验的项目负责人，想清楚策划的步骤、（　　）、人员的分工。

　　A. 流程　　　　　　　　　　　　　B. 营销目标
　　C. 宣传的途径　　　　　　　　　　D. 时间推进节点

二、多项选择题

11. 茶艺馆的服务类型包括（　　），这是服务的两个方面。

　　A. 技术类型　　　　B. 来有迎声　　　　C. 微笑送客

D. 热情待客　　　　　　　E. 情感类型

12. 茶艺馆的服务要满足社会的需求性。人们品茶，品味的不仅仅是茶，还包括（　　）。
    A. 品味　　　B. 环境　　　C. 技术　　　D. 心境　　　E. 历史

13. 茶艺馆的常客对（　　）有不同的要求。
    A. 茶艺馆的档次　　　　B. 茶叶的等级　　　　C. 服务的内容
    D. 茶艺馆的氛围　　　　E. 茶艺馆外在环境

三、判断题

14.（　　）茶艺活动的人文环境，应远离人间烟火，不宜靠近"阴室"和"厨房"。

15.（　　）服务是吸引客人、推销产品的重要环节，尤其是茶艺馆这样的服务业，服务质量更是企业的生命。

参 考 答 案

一、单项选择题

1~5　C C B C D　　　　　　6~10　B A B C D

二、多项选择题

11　AE　　12　ACD　　13　BCE

三、判断题

14　√　　15　√

3.9　茶事创作

3.9.1　茶事创作考核范围和考核要点

茶事创作考核范围和考核要点见表 3-9。

表 3-9　茶事创作考核范围和考核要点

工作内容（考核范围）	相关知识要求
茶艺编创	茶艺演示编创知识 不同类型茶叶营销活动与茶艺结合的原则 茶艺美学知识与实际运用 茶艺编创写作与茶艺解说知识
茶会创新	茶会的不同类型与创意设计知识 大型茶会创意设计基本知识 茶会组织与执行知识 不同类型茶会知识

3.9.2 模拟题

一、单项选择题

1. 每个活动都可能出现计划外的情况。在茶会活动中，最常见的有水电问题、（　　）、进场退场问题、突发事故的处理等。
   A. 消防问题　　　B. 环保问题　　　C. 治安问题　　　D. 供给问题

2. 茶会活动主持人的串场词是连接两个节目的（　　）台词，用来介绍登场的表演者，调节表演的节奏。
   A. 提示性　　　B. 解说性　　　C. 调节性　　　D. 过渡性

3. 茶艺大赛是检测茶艺作品的一个很好的平台和契机，权威的茶艺大赛就是茶行业发展的（　　），茶艺大赛用客观、科学、全面的评审标准评出优秀的作品。
   A. 创意者　　　B. 指挥棒　　　C. 领导者　　　D. 开创者

4. 茶艺队以学习（　　）为主。
   A. 营销技能
   B. 文化修养
   C. 茶艺技能
   D. 塑造形象

5. 商务人士来茶艺馆的目的是从事商务洽谈、会议等活动，因此茶艺服务要做到准备（　　）。
   A. 流程化　　　B. 精细化　　　C. 标准化　　　D. 程序化

二、多项选择题

6. 在编创仿古型茶艺表演时，要求编创者具有一定的（　　）。
   A. 艺术感染力　　　B. 茶文化基础　　　C. 历史文化知识
   D. 舞台展现力　　　E. 语言表达力

7. 茶艺表演者的现场表现中，表演者的（　　），以及举手投足、言谈表达和茶汤质量都是评价者关注的重点项目。
   A. 韵律感　　　B. 节奏感　　　C. 艺术感
   D. 分寸感　　　E. 灵动感

8. 品牌营销与茶艺结合的形式有（　　）。
   A. 古典与现代　　　B. 大众与精英　　　C. 国内与国外
   D. 个人与团体　　　E. 社团与企业

三、判断题

9. （　　）茶艺馆培训的实施过程中，需要整理培训评估试卷，其可以检验培训的项目是否达到目标和要求，找出不足，便于改进，也可以发现新的培训需求。

10. （　　）茶艺馆内部的经济责任制是以企业文化为中心，按照责、权、利相结合的原则，将经济责任层层落实到部门或班组或个人。

参 考 答 案

一、单项选择题

1~5　A　D　B　C　B

二、多项选择题

6　BC　　7　ABCD　　8　ABC

三、判断题

9　√　　10　×

3.10　业务管理（茶事管理）

3.10.1　业务管理考核范围和考核要点

业务管理考核范围和考核要点见表 3-10。

表 3-10　业务管理考核范围和考核要点

工作内容（考核范围）	相关知识要求
二级：服务管理 一级：经营管理	二级 茶艺馆服务流程与管理 茶艺人员培训 茶艺馆各岗位职责 茶艺馆庆典、促销活动设计 茶艺表演活动方案撰写方法 茶叶、茶具质量检查流程与知识 茶艺馆安全检查与改进要求 宾客投诉处理原则及技巧常识 一级 茶艺馆经营管理 茶艺馆营销基本法则 茶艺馆成本核算 茶点、茶宴知识 文创产品基本知识 茶文化旅游基本知识
二级：茶艺培训 一级：人员培训	二级 茶艺培训计划的编制方法 茶艺培训教学组织要求与技巧 茶艺演示队伍组建 茶艺演示队常规训练安排 一级 茶艺培训讲义编写要求 技师指导基本知识 茶艺馆全员培训 茶艺馆培训情况分析与总结写作知识 茶业调研报告与专题论文写作知识

3.10.2 模拟题

一、单项选择题

1. 为了认真贯彻和落实"（　　）"的消防工作方针，确保消防安全，根据《中华人民共和国消防法》的规定，茶楼茶室应结合本单位实际情况配置消防灭火设备并制订消防安全管理制度，员工要学会正确使用灭火器、防毒面具，以及发生火灾时的处理措施和逃生路线。

　　A. 预防为主，消防结合　　　　B. 消防为主，安全第一
　　C. 安全为主，消防为辅　　　　D. 保护财产，消防安全

2. 电气设备已经成为茶馆的主要配置，安全用电尤为重要。对于烧水器具，下列操作存在安全隐患的是（　　）。

　　A. 必须在平稳且干燥的地方，远离热源、易燃物
　　B. 如果出现故障，可先自行拆改，排除故障问题
　　C. 水量要符合要求，不能过满，也不可以干烧
　　D. 检查烧水壶与底座是否匹配，错误搭配，可能导致危险

3. 茶艺馆全员培训的内容包括（　　）培训、组织纪律培训、专业技能培训与文化素质培训四大类。

　　A. 法律法规　　　B. 财务专业　　　C. 工作程序　　　D. 学历提升

4. 茶艺培训计划包括：课程、任课教师、课时、（　　）等四大部分。

　　A. 授课形式　　　B. 文化内涵　　　C. 技艺技能　　　D. 招生计划

5. 茶艺培训的课程方案是根据培训目标制订的有关教学和教育工作的（　　），包含应设置的课程、开设的先后顺序、课时分配等。

　　A. 授权性文件　　B. 技术性文件　　C. 专业性文件　　D. 指导性文件

6. 与品牌营销结合的茶艺活动，首先要了解品牌的（　　），才能了解品牌营销的需求，有针对性地设计茶艺活动。

　　A. 文化形象　　　　　　　　　B. 文化理念
　　C. 品牌产品　　　　　　　　　D. 品牌创制时间

7. 由于茶叶的客观属性与人性中的静、清、雅、淡相近，所以一般的茶事活动都具有（　　）的特点。

　　A. 静　　　　　B. 雅　　　　　C. 和　　　　　D. 中

8. 茶艺表演中，语言的解说需掌握语言的优美和（　　），以增强茶事活动的艺术魅力，升华主题。

　　A. 停顿的留白　　　　　　　　B. 动作的夸张
　　C. 语速的张弛有度　　　　　　D. 语言的简练

9. （　　）是指茶艺馆在管理中按照工作岗位所规定的人员岗位要求、作业标准、权限、工作量、协作要求等的制度。

A. 经理责任制 B. 经理负责制

C. 岗位责任制 D. 岗位负责制

10. 茶艺馆的激励方式中，（　　）是指给员工提供必要的工作条件和相应的工作指导，为员工扫除前进道路上的障碍，使员工保持积极工作的热情。

A. 情感激励 B. 信任激励 C. 目标激励 D. 动力激励

11. 茶艺馆产品的价格由产品成本、（　　）、税金和利润这四部分组成。

A. 广告成本 B. 运营成本 C. 促销成本 D. 人工成本

12. 茶艺馆的定价方法中，（　　）是指对于茶艺馆的消费提出一个总价格，顾客只需要支付这个价格就可以任意消费。

A. 需求定价法 B. 最高价格法 C. 最低价格法 D. 包价法

13. 茶艺培训中，给（　　）讲课，要让他们掌握茶艺的相关知识与技能。

A. 茶叶爱好者 B. 单位员工

C. 在校学生 D. 茶行业从业人员

14. 茶艺培训结束后，培训效果的评价方法各有不同，非专业的培训，可以通过问答式和（　　）等方法来评价，重在评价过程的娱乐性。

A. 茶艺比赛 B. 操作体验 C. 模拟考试 D. 说课

15. （　　）是茶艺馆培训内容的第三层次，是比较高层次的培训，如职业化与职业素养、商务礼仪与职业形象、有效沟通等课程都属于此类培训。

A. 礼仪类培训 B. 知识类培训

C. 技能类培训 D. 素质类培训

16. 茶艺馆培训有不同的培训主题和不同层次的培训内容，对管理者或技能已经达到较高水平的员工应偏向（　　）。

A. 知识类培训 B. 素质类培训

C. 技能类培训 D. 礼仪类培训

17. 茶艺馆培训的实施过程中，（　　）非常重要，参加培训的工作人员在培训结束后，应开会复盘培训的整体流程，对成功和不足之处及时总结，并形成书面报告。

A. 培训服务工作 B. 整理培训评估试卷

C. 整理培训试卷 D. 培训总结报告

18. 茶艺馆员工的培训是全员培训，其目的是达到全员素质的整体提高，所以在培训内容上要强调（　　）、按实际需要教学的方针，核心是学习的内容与工作需要相结合。

A. 创新性 B. 学和用相结合

C. 适应市场 D. 主动热情

19. 在茶艺馆的培训方法中，（　　）步培训法也被称为实践练习培训法，因为其培训过程分为几个阶段而得名。

A. 三 B. 四 C. 六 D. 八

20. （　　）是茶艺馆培训内容中的最低层次，是员工最容易学习的内容。员工看一本书或听一次课，就能够获得相应的知识。

  A. 礼仪培训   B. 知识类培训

  C. 技能类培训   D. 素质类培训

二、多项选择题

21. 茶艺馆培训中，一套完整的员工培训方案是在确定培训目标之后，进一步对（　　）等的有机结合进行设计和安排。

  A. 培训内容   B. 培训对象   C. 培训时间

  D. 培训方法   E. 培训经费

22. 效果评估中的目标评估，是通过回访参加茶会的人员来判断目标的达成度，具体的方法有（　　）。采用哪种方式要看茶会的组织者与参加者的熟悉程度。

  A. 访谈式   B. 上门调查   C. 问卷调查

  D. 电话调查   E. 约谈调查

23. 茶会策划的第一个重要步骤是问清楚茶会主办方的（　　）等方面的信息，通过收集这些信息可以避免下一步的策划构思偏离方向。

  A. 想法   B. 目的   C. 预算

  D. 场地   E. 主持人

24. 茶艺培训讲义是为讲课而编写的教材或资料。讲义制作前，要明确（　　）、评价等几个问题。

  A. 对象   B. 目标   C. 内容   D. 时间   E. 策略

25. 与品牌营销结合的茶艺活动，首先要了解品牌的文化形象，区分（　　），才能了解品牌营销的需求，有针对性地设计茶艺活动。

  A. 古典与现代   B. 大众与精英   C. 传统与创新

  D. 国内与国外   E. 现代与创新

三、判断题

26.（　　）反向定价法是指企业依据顾客能够接受的最终销售价格，计算经营成本和利润后，逆向推算出产品的批发价和零售价。

27.（　　）日常进行消防检查时，灭火器和防毒面具不一定在有效期内，无破损或缺陷即可。

28.（　　）茶艺馆的服务不仅要注重服务的技巧，也要注意服务人员在举手投足的细节上给客人的感受。茶艺馆的服务分为常规服务与特色服务两大类。

29.（　　）中国种茶历史悠久，具有深远的文化底蕴，产业链长，一二三产业协调发展。

30.（　　）茶艺馆的定价方法中，以竞争定价格指参考同行的价格标准，然后制订略高于或略低于竞争对手价格的方法。

31.（   ）生活茶艺的编创核心是"泡好一杯（壶）茶的技艺"。

32.（   ）表演型的茶艺最重要的就是艺术性地演绎茶的文化，不讲究茶泡得好不好喝。

33.（   ）茶艺编创质量的评价要素中，不包含茶艺节目创作主题立意这一要素。

34.（   ）茶艺培训结束后，培训效果的评价方法各有不同，作为教学的阶段性评价，也可以用模拟考试和说课来评价。

35.（   ）一级（高级）茶艺技师要求具备撰写调研报告的能力，在调研报告的结构中，引言是其主体和核心。

参 考 答 案

一、单项选择题

1~5　　A　B　C　A　D　　　　　6~10　　A　A　A　C　B

11~15　B　D　D　B　D　　　　16~20　B　D　B　B　B

二、多项选择题

21　ABCDE　　22　ACD　　23　ABC　　24　ABCDE　　25　ABD

三、判断题

26~30　√　×　√　√　√　　　　31~35　√　×　×　√　×

项目 4

操作技能考核指导

4.1 接待准备

4.1.1 接待准备考核范围和技能要求

接待准备的考核范围和技能要求见表 4-1。

表 4-1 接待准备的考核范围和技能要求

工作内容（考核范围）	技能要求
五级：仪表准备 四级、三级：礼仪接待	**五级** 能按照茶事服务礼仪要求进行着装、佩戴饰物 能按照茶事服务礼仪要求修饰面部、手部 能按照茶事服务礼仪要求修整发型、选择头饰 能按照茶事服务礼仪规范的要求规范站姿、坐姿、走姿、蹲姿，能使用普通话与敬语迎宾 **四级** 能按照茶事服务要求导位、迎宾 能根据不同地区的宾客特点进行礼仪接待 能根据不同民族的礼仪风俗进行礼仪接待 能根据不同宗教信仰进行礼仪接待 能根据宾客的性别、年龄特点进行礼仪接待 **三级** 能根据不同国家的礼仪接待外宾 能使用英语与外宾进行简单问候与沟通 能按照服务接待要求接待特殊宾客

(续)

工作内容（考核范围）	技能要求
五级：茶室准备 四级：茶室布置 三级：茶事准备	**五级** 能清洁茶室环境卫生 能清洗消毒茶具 能配合调控茶室内的灯光、音响等设备 能操作消防灭火器进行火灾扑救 能佩戴防毒面具并指导宾客使用 **四级** 能根据茶室特点，合理摆放器物 能合理摆放茶室装饰物品 能根据宾客要求，有针对性地调配茶叶、器物 能合理陈列茶室商品 **三级** 能鉴别茶叶品质高低 能鉴别高山茶、台地茶 能识别常用瓷器具的款式及质量 能识别常用陶器茶具的款式及质量

4.1.2 模拟题

试题1：简述茶艺演示时的服饰搭配原则。

考核时间：10分钟。

考核形式：笔答。

考核要求：答题内容涵盖服饰搭配的各原则并加以简要说明。

参考答案概要：①TPO原则；②三色原则；③整体性原则。

试题2：茶艺表演人员化妆原则。

考核时间：10分钟。

考核形式：笔答。

考核要求：答题内容涵盖化妆的各个原则并加以简要说明。

参考答案概要：①清新自然；②气质协调；③符合主题；④个性化原则。

试题3：简述茶馆的基本服务流程。

考核时间：10分钟。

考核形式：笔答。

考核要求：答题内容涵盖茶馆服务的各项流程。

参考答案概要：保洁→迎宾→引客入座→点单→上茶食→茶艺服务→添水→结账→收台。

试题4：乌龙茶沏泡的茶具配备。

考核时间：10分钟。

考核形式：笔答。

考核要求：答题内容说明乌龙茶配备哪些茶具。

参考答案概要：①煮水器具；②储茶器具；③泡茶器具；④品茶器具。

试题 5：简述茶艺师茶馆接待礼仪的特点。

考核时间：5 分钟。

考核形式：口答。

考核要求：答题内容涵盖茶馆接待礼仪需表现出的特点，并加以简要说明。要求表述清晰完整，有条理。

参考答案概要：①文雅；②得体；③热情；④周到。

试题 6：茶艺师对于信仰宗教客人的接待原则。

考核时间：5 分钟。

考核形式：口答。

考核要求：答题内容涵盖对于信仰宗教客人接待时需要注意的问题。要求表述清晰完整，有条理。

参考答案概要：宗教信仰是很严肃的问题，在接待信仰宗教客人的时候，最基本的一点就是不要主动与客人谈信仰问题，如果客人主动谈，茶艺师也不要表现出浓厚兴趣，多倾听，少提问，更不要就信仰问题与客人发生争执。

试题 7：简述茶艺馆的布局区域。

考核时间：5 分钟。

考核形式：口答。

考核要求：答题内容涵盖茶艺馆按功能划分的各个区域并简要说明。要求表述清晰完整，有条理。

参考答案概要：茶艺馆的公共空间按功能可划分为饮茶区、表演区、展示区、操作区。

试题 8：简述茶叶与茶食的陈列原则。

考核时间：5 分钟。

考核形式：口答。

考核要求：答题内容涵盖茶叶与茶食陈列的各项原则。要求表述清晰完整，有条理。

参考答案概要：①先进先出原则；②分类陈列原则；③重点推荐原则；④面面俱到原则；⑤关联陈列原则；⑥安全卫生原则。

试题 9：涉外茶艺接待中的基本要求。

考核时间：5 分钟。

考核形式：口答。

考核要求：答题内容涵盖涉外茶艺接待的基本要求并加以简单陈述。要求表述清晰完整，有条理。

参考答案概要：①有礼有节；②尊重隐私、女士优先；③交流中注意话题禁忌。

试题 10：把"调味茶、花茶、红茶、绿茶、白茶、乌龙茶"等词翻译成英语。

考核时间：5 分钟。

考核形式：口答。

考核要求：茶品的英文翻译。要求口齿清晰，表述完整。

参考答案概要：Spiced Tea 调味茶，Scented Tea 花茶，Black Tea 红茶，Yellow Tea 黄茶，White Tea 白茶，Oolong Tea 乌龙茶。

试题 11：华侨与港澳台同胞的接待中需要注意的问题。

考核时间：5 分钟。

考核形式：口答。

考核要求：答题内容涵盖接待华侨及港澳台同胞时需要注意的问题并加以简单陈述。要求表述清晰完整，有条理。

参考答案概要：①热情周到；②礼尚往来；③求同存异；④平等友好。

试题 12：简述名优绿茶的柱形杯审评方法。

考核时间：5 分钟。

考核形式：口答。

考核要求：答题内容涵盖名优绿茶用柱形杯审评的茶叶克重、茶水比、冲泡时间等。要求表述清晰完整，有条理。

参考答案概要：取有代表性茶样 3 克，茶水比（质量体积比）1∶50，置于相应的审评杯中，注满要求温度的水、加盖、计时，冲泡 4 分钟，依次等速滤出茶汤，留叶底于杯中，按汤色、香气、滋味、叶底的顺序逐项审评。

4.2 茶艺服务

4.2.1 茶艺服务考核范围和技能要求

茶艺服务的考核范围和技能要求见表 4-2。

表 4-2 茶艺服务的考核范围和技能要求

工作内容（考核范围）	技能要求
五级：冲泡备器 四级：茶艺配置 三级：茶席设计	**五级** 能根据茶叶基本特征区分六大茶类 能根据茶单选取茶叶 能根据茶叶选用冲泡器具 能选择和使用备水、烧水器具 **四级** 能识别六大茶类中的中国主要名茶 能识别新茶、陈茶 能根据茶样初步区分茶叶品质和等级高低 能鉴别常用陶瓷、紫砂、玻璃茶具的品质 能根据茶艺馆需要布置茶艺工作台

(续)

工作内容（考核范围）	技能要求
五级：冲泡备器 四级：茶艺配置 三级：茶席设计	三级 能根据不同题材，设计不同主题的茶席 能根据不同的茶品、茶具组合、铺垫物品等，进行茶席设计 能根据少数民族的茶俗设计不同的茶席 能根据茶席设计需要进行茶器搭配 能根据茶席设计主题配置相关的其他器物
五级：冲泡演示 四级、三级：茶艺演示	五级 能根据不同茶类确定投茶量和水量比例 能根据茶叶类型选择适宜的水温泡茶，并确定浸泡时间 能使用玻璃杯、盖碗、紫砂壶冲泡茶叶 能介绍所泡茶叶的品饮方法 四级 能根据茶艺要素的要求冲泡六大茶类 能根据不同茶叶选择泡茶用水 能制作调饮红茶 能展示生活茶艺 三级 能按照不同茶艺演示要求布置演示台，选择和配置适当的插花、熏香、茶挂 能根据茶艺演示的主题选择相应的服饰 能根据茶艺演示的主题选择合适的音乐 能根据茶席设计的主题确定茶艺演示内容 能演示3种以上各地风味茶艺或少数民族茶艺 能组织、演示茶艺并介绍其文化内涵

4.2.2 模拟题

1. 冲泡

考核内容：冲泡备料、备器。

考核时间：10分钟。

考核形式：操作、笔答。

试题：茶样识别和茶器搭配。

考核要求：根据提供的10种茶样，迅速识别并正确写出该茶的茶类、品名、产地，并在现场选择正确的冲泡茶具。

2. 茶艺演示

（1）基础茶艺演示

考核时间：12分钟。

考核形式：操作。

试题1：玻璃杯中投法冲泡绿茶茶艺演示。

试题 2：盖碗冲泡茉莉花茶茶艺演示。

试题 3：紫砂壶冲泡台式乌龙茶茶艺演示。

试题 4：文士茶艺演示。

试题 5：地方名特红茶茶艺演示。

试题 6：调饮红茶制作。

试题 7：唐式煎茶茶艺演示。

试题 8：地方名优绿茶茶艺演示。

试题 9：擂茶制作演示。

考核要求：①茶艺师表演时应做到表情自然生动、身体语言得当，发型与服饰得体，形象端庄大方，既符合审美要求又与所表演的主题相符合；②正确选择符合该茶类的茶具并且配套齐全；③茶具摆放与茶席布置要美观、协调、科学、方便操作，茶席布置要具有一定的创新性，能突显艺术效果；④冲泡过程要符合茶理，手法圆融轻柔、动作流畅连贯，具有一定的艺术观赏性；⑤冲泡出的茶汤温度适宜，色、香、味俱全，能最充分地表现出该茶的品质；⑥完整介绍茶艺程序内容，条理清晰，口齿清晰婉转；⑦奉茶次序正确，做到微笑服务，并细致、有条理地做好收具工作。

（2）茶席设计和自创茶艺演示。

试题：自创茶艺的茶席设计和茶艺演示。

考核时间：15 分钟。

考核形式：操作。

考核要求：①茶艺师表演时应做到表情自然生动、身体语言得当，发型与服饰得体，形象端庄大方，既符合审美要求又与所表演的主题相符合；②正确选择符合该茶类的茶具并且配套齐全；③茶具摆放与茶席布置要美观、协调、科学、方便操作，茶席布置要具有一定的创新性，能突显艺术效果；④冲泡过程要符合茶理，手法圆融轻柔、动作流畅连贯，具有一定的艺术观赏性；⑤冲泡出的茶汤温度适宜，色、香、味俱全，能最充分地表现出该茶的品质；⑥完整介绍茶艺程序内容，条理清晰，口齿清晰婉转；⑦奉茶次序正确，做到微笑服务，并细致、有条理地做好收具工作；⑧自创茶艺有主题、有思想、有创意。

4.3　茶间服务

4.3.1　茶间服务考核范围和技能要求

茶间服务的考核范围和技能要求见表 4-3。

表 4-3　茶间服务的考核范围和技能要求

工作内容（考核范围）	技能要求
五级：茶饮推介 四级：茶品推介 三级：茶事推介	五级 能运用交谈礼仪与宾客沟通，有效了解宾客需求，了解宾客消费习惯 能根据茶叶特性推荐茶饮 能根据不同季节特点推荐茶饮 四级 能根据茶叶类型合理搭配茶点并予推介 能根据季节搭配茶点并予推介 能根据茶叶的内含成分及对人体健康作用来推介相应茶叶 能向宾客介绍不同水质对茶汤的影响 能根据所泡茶品解答相关问题 三级 能够根据宾客需求介绍有关茶叶的传说、典故 能使用评茶的专业术语，向宾客通俗介绍茶叶的色、香、味、形 能向宾客介绍选购紫砂茶具的技巧 能向宾客介绍选购瓷器茶具的技巧 能向宾客介绍不同茶具的养护知识
五级、四级：商品销售 三级：营销服务	五级 能办理宾客消费的结账、记账 能向宾客销售茶叶 能向宾客销售普通茶具 能完成茶叶、茶具的包装 能承担售后服务 四级 能根据茶叶特点科学地保存茶叶 能销售名优茶和特殊茶品 能够销售名家茶器、定制（柴烧、手绘）茶具 能够根据宾客需要选配家庭茶室用品 能给茶室、茶庄等经营场所选配销售茶商品 三级 能根据市场需求调配茶叶、茶具营销模式 能根据季节变化、节假日特点等制订茶艺馆消费品配备计划 能按照茶艺馆要求，初步设计和具体实施茶事展销活动

4.3.2　模拟题

试题 1：简述茶多酚在抗氧化方面的功效和机理。

考核时间：10 分钟。

考核形式：口答。

考核要求：答题内容包括茶多酚的重要功效及其机理。要求表述清晰完整，有条理。

参考答案概要：茶多酚的重要功效是抗氧化，其机理如下：① 抑制自由基的产生；②直接清除自由基；③对抗氧化体系的激活作用；④茶多酚各成分之间具有抗氧化协同作用；⑤促氧化作用。

试题 2：简述绿茶的品质特征和保健作用。

考核时间：10 分钟。

考核形式：口答。

考核要求：答题内容包括绿茶的品质特征及其作用。要求表述清晰完整，有条理。

参考答案概要：绿茶的品质特征是干茶色泽翠绿或黄绿，冲泡后清汤绿叶，具有清香或熟栗香等，滋味鲜醇爽口，浓而不涩。此外，不同种类的绿茶还具有各自的品质特征。绿茶具有辅助抗氧化、抗衰老、降血压、降脂减肥、抗突变、防癌、抗菌消炎的作用。

试题 3：简述进店顾客的几种情形。

考核时间：10 分钟。

考核形式：口答。

考核要求：答题内容包括进店顾客的几种情形。要求表述清晰完整，有条理。

参考答案概要：第一种是带有明确购买目的的顾客；第二种是有购买需求但尚处于选择状态的顾客；第三种是漫无目的纯粹闲逛的顾客。

试题 4：简述茶叶包装概念、种类和法律要求。

考核时间：10 分钟。

考核形式：口答。

考核要求：答题内容包括茶叶包装的概念、分类、相关标准规定。要求表述清晰完整，有条理。

参考答案概要：茶叶的包装是用于保护茶叶品质的容器，按用途分为运输包装和销售包装两种。茶叶的包装物应符合 GB 7718《食品安全国家标准　预包装食品标签通则》、GB 23350《限制商品过度包装要求　食品和化妆品》。

试题 5：简述茶点的类别。

考核时间：10 分钟。

考核形式：口答。

考核要求：答题内容包括茶点的各个类别。要求表述完整，口齿清晰。

参考答案概要：茶点与一般食用的点心相比有很多独特之处，常见的茶点有水果类、坚果类、粮食类、花卉类及肉制品类。

试题 6：简述乌龙茶茶点搭配的要求。

考核时间：10 分钟。

考核形式：口答。

考核要求：答题内容包括乌龙茶的特征及茶点搭配的要求。要表述完整，口齿清晰。

参考答案概要：乌龙茶是半发酵茶，口感介于绿茶和红茶之间，品饮时茶汤过喉徐徐生津，用咸鲜或香甜的点心来配，能保留茶的香气，不破坏原有的滋味。

试题 7：简述绿茶主要的保健成分。

考核时间：10 分钟。

考核形式：口答。

考核要求：答题内容包括绿茶的主要保健成分。要求表述清晰，完整全面。

参考答案概要：绿茶的主要保健成分有茶多酚、咖啡因、氨基酸、叶绿素等。

试题 8：茶品推介时遇到的主要问题。

考核时间：10 分钟。

考核形式：口答。

考核要求：简单回答茶品推介时可能会遇到的问题。

参考答案概要：常见的推介问题有保健问题、价格问题、原产地问题、茶品质问题（外形、香气、口感、干茶颜色、汤色、触感）、包装问题等。

试题 9：洞庭碧螺春茶的传说。

考核时间：5 分钟。

考核形式：口答。

考核要求：简述洞庭碧螺春茶的得名传说故事。要求表述完整，口齿清晰。

参考答案概要：洞庭碧螺春茶产于江苏省洞庭山一带，原名"吓煞人香"。相传康熙皇帝嫌其名不雅，于是改其名为"碧螺春"。根据相关记载，洞庭碧螺春的产生与得名应该是在明代。

试题 10：简述中国名茶的要素。

考核时间：5 分钟。

考核形式：口答。

考核要求：简述中国现代名茶的组成。要表述完整，口齿清晰。

参考答案概要：①传统名茶，即历代名茶一直沿袭到现在，但名茶技艺和品质特点在历史的长河中发生了演变；②恢复历史名茶，即原来有历史记载但已经失传，后又恢复生产的名茶；③新创名茶，主要是 1949 年以来创制，并通过省、部级以上组织评定获奖的。

试题 11：简述茶叶感官审评的具体流程。

考核时间：5 分钟。

考核形式：口答。

考核要求：答题内容包括茶叶感官审评的各个流程。要求表述清晰，完整全面。

参考答案概要：茶叶感官审评的具体流程：取样→评外形→称样→冲泡→沥汤→评汤色→闻香气→尝滋味→看叶底。

试题 12：简述如何保养紫砂壶。

考核时间：5 分钟。

考核形式：口答。

考核要求：简单回答紫砂壶的清理和保养要点。要求表述清晰，完整全面。

参考答案概要：紫砂茶壶用后，要用沸水冲洗干净，再用棉布擦拭壶身。不要将茶汤留在壶内，以免生霉污染茶壶，壶上的茶渍也要及时清理，否则时间久了会堆满茶垢，影响紫砂茶具的品相。茶壶清理完后，不要将壶盖紧紧地盖住，要让壶中水汽散去，保持壶内干爽，免生异味。长时间不用的紫砂壶也要定期用沸水润一下，然后擦干，经常擦拭，紫砂壶的光泽会越来越温润，但不要用油手摩挲，以免污染茶壶。如果茶壶因清理不及时而生霉有异味，也不要用清洁剂去清洗，可用沸水反复煮泡，用软布擦净，晾干，至无异味方可。

试题 13：简述茶馆的定位。

考核时间：5 分钟。

考核形式：口答。

考核要求：简单回答"茶馆的定位"之含义。

参考答案概要：茶馆的定位是指在对本地区茶馆的经营情况作充分调研之后，确定茶馆的经营品位。这样的定位包括两个方面：一是文化定位；二是市场定位。

4.4　茶艺馆创意

4.4.1　茶艺馆创意考核范围和技能要求

茶艺馆创意的考核范围和技能要求见表 4-4。

表 4-4　茶艺馆创意的考核范围和技能要求

工作内容	技能要求
茶艺馆规划	能提出茶艺馆选址的建议 能提出不同特色茶艺馆的定位建议 能根据茶艺馆的定位提出整体布局的建议
茶艺馆布置	能根据茶艺馆的布局，分割与布置不同的区域 能根据茶艺馆的风格，布置陈列柜和服务台 能根据茶艺馆的主题设计，布置不同风格的品茗区

4.4.2　模拟题

试题 1：简述茶艺馆选址的经营因素。

考核时间：5 分钟。

考核形式：口答。

考核要求：对茶艺馆选址所考虑的经营因素进行简单陈述。要求表述清晰完整，有条理。

参考答案概要：茶艺馆选址应考虑的经营因素主要涉及客流量、经营环境和建筑结构三个方面。首先，客源是茶艺馆经营得以维持和发展的重要条件；其次，经营环境也是影响茶艺馆正常经营的主要因素；最后，要了解建筑的面积、内部结构及配套是否适合开设茶艺馆。

试题 2：简述茶艺馆"动线"设计的系统和设计原则。

考核时间：5 分钟。

考核形式：口答。

考核要求：简单表述茶艺馆"动线"设计的几大系统及"动线"流程的设计原则。

参考答案概要：茶艺馆的"动线"流程设计分为客人流线、服务流线、物品流线、信息流线四大系统。"动线"流程的规划设计原则为：客人流线与服务流线互不交叉；客人流线直接明了，不使人迷惑；服务流线、物品流线快捷高效；信息流线快速准确。

试题 3：简述茶艺馆的风格类型。

考核时间：5 分钟。

考核形式：口答。

考核要求：简述各式茶艺馆的风格。要求表述清晰完整，有条理。

参考答案概要：目前，就茶艺馆的装饰风格来说，常见的有这几类：①庭院式茶艺馆；②乡土式茶艺馆；③厅堂式茶艺馆；④日式茶艺馆；⑤综合式茶艺馆。

试题 4：茶艺馆布置装饰的要点。

考核时间：5 分钟。

考核形式：口答。

考核要求：简要回答茶馆装饰布置的要点。要求表述清晰完整，有条理。

参考答案概要：①字画悬挂；②饰品陈列；③茶具展示；④茶品出样；⑤植物点缀；⑥音乐烘托；⑦灯光效应。

4.5 茶饮服务

4.5.1 茶饮服务考核范围和技能要求

茶饮服务的考核范围和技能要求见表 4-5。

表 4-5 茶饮服务的考核范围和技能要求

工作内容（考核范围）	技能要求
品评服务	能根据宾客需求提供不同茶饮 能对传统茶饮进行创新和设计 能审评茶叶的质量优次和等级
茶健康服务	能根据宾客的需求介绍茶健康知识 能配置适合宾客健康状况的茶饮 能根据宾客健康状况，提出茶预防、养生、调理的建议

4.5.2 模拟题

试题 1：简述茶饮的类型。

考核时间：5 分钟。

考核形式：口答。

考核要求：简述各类茶饮的基本概念。要求表述清晰完整，有条理。

参考答案概要：①原叶茶，指将传统的六大茶类茶品直接用适宜温度的水冲泡或熬煮，不添加任何物质，即泡即饮的茶饮，是我国最常见的茶饮；②调饮茶，是以原叶茶汤为基础，加入如甜味、咸味、果味等的调味品，也可加入营养品如奶类、果酱、蜂蜜、芝麻、豆子等调配共饮的茶饮；③茶饮料，指用水浸泡茶叶，经抽提、过滤、浓缩、沉淀等工艺制成的茶汤或在加工过程中，将茶汤中加入水、甜味剂、酸味剂、香精、果汁或其他添加剂等调剂加工而成的饮品。

试题2：简述新式茶饮的主要特征和目标群体。

考核时间：5分钟。

考核形式：口答。

考核要求：简述新式茶饮的特征及目标群体。要求表述清晰、完整，有条理。

参考答案概要：新式茶饮主要特征表现为以茶为基础，辅以创新萃取设备及萃取方式，并添加牛奶、奶油制品、咖啡制成奶茶、奶盖茶或添加各类水果或花草制成水果茶。新式茶饮的目标消费群体以年轻人为主力，其吸引力不仅仅体现在茶饮品质上，主题茶饮的创新、环境氛围的营造，都是吸引年轻消费者的重要着力点。相较于传统茶饮，新型茶饮更强调在原材料（及配料）的选择、生产流程、门店运营上进行升级和创新，以确保为消费者提供更高质的产品和服务。

试题3：常见新茶饮的种类。

考核时间：5分钟。

考核形式：口答。

考核要求：说说市场上常见的新茶饮。要求表述清晰完整，有条理。

参考答案概要：这些年，市场上多见各种创新茶饮的出现与流行。下面是常见的三种创新茶饮：①水果茶饮。将新鲜水果经过加工处理后，入茶汤调配而成。水果茶饮的搭配种类繁多，多样新鲜水果均可用作材料，搭配不同种类茶汤，水果与茶汤香气、口感的不同组合，呈现出风格各异的水果茶饮；②奶盖茶。以茶汤为基础，用纯鲜奶及奶盖粉调制而成的奶油盖在茶汤之上，形成一层将近3厘米厚的奶盖，即为奶盖茶。奶盖大致可以分为甜味、咸味奶盖及轻奶盖、重奶盖；③奶茶。奶茶以鲜奶、茶汤、糖等混合调配而成。奶茶的种类按辅料拼配制作来分，有珍珠奶茶、椰果奶茶、西米奶茶、烧仙草奶茶等；按制作使用的茶品来分有咖啡红茶奶茶、高山茶奶茶、麦香红茶奶茶、花草奶茶等。

试题4：正确认识茶的保健功能。

考核时间：5分钟。

考核形式：口答。

考核要求：简要回答茶的保健功能与疗效。要求表述全面、清晰、完整，有条理。

参考答案概要：程启坤研究员和陈宗懋院士曾经对"茶的保健功能与疗效"进行了科学全面的总结，一共有20条：①生津止渴，消热解暑；②利尿解毒；③益思提神；④坚齿防龋；⑤增强免疫；⑥延缓衰老；⑦杀菌抗病毒；⑧降脂减肥；⑨降血压，预防心血管疾病；⑩消臭，助消化；⑪降血糖，预防糖尿病；⑫明目，治疗眼科疾病；⑬清肝，保护肝脏；⑭防治坏血病；⑮防辐射；⑯抗过敏；⑰抗消化道溃疡；⑱益智，有利于身心健康；⑲治疗腹泻与便秘；⑳抗癌抗突变。

4.6 茶事活动

4.6.1 茶事活动考核范围和技能要求

茶事活动的考核范围和技能要求见表4-6。

表4-6 茶事活动的考核范围和技能要求

工作内容（考核内容）	技能要求
茶艺演示	能进行仿古（仿唐、仿宋或明清）茶艺演示，并能担任主泡 能进行日本茶道演示 能进行韩国茶礼演示 能进行英式下午茶演示 能用一门外语进行茶艺解说
茶会组织	能策划中、小型茶会 能设计茶会活动的可实施方案 能根据茶会的类型组织茶会 能主持各类茶会

4.6.2 模拟题

1. 茶艺演示

试题1：仿古茶艺演示。

试题2：日本茶道演示。

试题3：英式下午茶演示。

考核时间：15分钟。

考核形式：操作。

考核要求：①茶艺师表演时应做到：表情自然生动、身体语言得当，发型与服饰得体，形象端庄大方，既符合审美要求又与所表演的主题相符合；②正确选择符合该茶类的茶具并且配套齐全；③茶具摆放与茶席布置要美观、协调、科学、方便操作，茶席布置要具有一定的创新性，能突显艺术效果；④冲泡过程要符合茶理，手法圆融轻柔、动作流畅连贯，具有一定的艺术观赏性；⑤冲泡出的茶汤温度适宜，色、香、味俱全，能最充分地表现出该茶的品质；⑥完整介绍茶艺程序内容，条理清晰，口齿清晰婉转；⑦奉茶次序正确，做到微笑服务，并细致、有条理地做好收具工作。

2. 茶艺外语

试题：把"绿茶是中国茶中产量和品种最多的茶"翻译成日语

考核时间：5分钟。

考核形式：口答。

考核要求：茶相关词句的日文翻译。要求口齿清晰，表述完整。

参考答案概要：緑茶は中国茶の中で生産量と品種が最も多いお茶です。

3. 茶会组织

试题：简述茶会活动的效果评估

考核时间：10分钟。

考核形式：笔答。

考核要求：简述茶会活动效果评估的相关要求。需表述清晰完整，条理性强。

参考答案概要：首先是人员评估，看参加活动的人数与人群圈层是否符合活动预期设计；其次是流程评估，检讨活动过程是否有问题及出现问题的原因，看是活动设计的问题还是执行的问题，以便下次活动改正，这对于重复使用的茶会方案尤其重要；最后是目标评估，通过回访参加茶会的人员来判断目标的达成度，具体的方法有访谈式，问卷调查和电话调查。

4.7 茶事创作

4.7.1 茶事创作考核范围和技能要求

茶事创作的考核范围和技能要求见表4-7。

表4-7 茶事创作的考核范围和技能要求

工作内容（考核范围）	技能要求
茶艺编创	能根据需要编创不同类型、不同主题的茶艺演出 能根据茶叶营销需要编创茶艺演示 能根据茶艺演示的需要进行舞台美学及服饰搭配 能用文字阐释编创的茶艺的文化内涵，并能进行解说
茶会创新	能设计、创作不同类型的茶会 能组织各种大型茶会 能组织各国不同风格的茶会 能根据宾客需要介绍各国茶会的特色与内涵

4.7.2 模拟题

1. 命题茶艺编创

考核时间：15 分钟。

考核形式：操作。

试题 1：命题创作—大唐宫廷茶宴。

试题 2：命题创作—《两岸情 - 子规》台式乌龙茶茶艺。

试题 3：命题创作—《刘备招亲 - 三道茶礼》民俗茶宴。

考核要求：①茶艺师表演时应做到：表情自然生动、身体语言得当，发型与服饰得体，形象端庄大方，既符合审美要求又与所表演的主题相符合；②正确选择符合该茶类的茶具并且配套齐全；③茶具摆放与茶席布置要美观、协调、科学、方便操作，茶席布置要具有一定的创新性，能突显艺术效果；④冲泡过程要符合茶理，手法圆融轻柔、动作流畅连贯，具有一定的艺术观赏性；⑤冲泡出的茶汤温度适宜，色、香、味俱全，能最充分地表现出该茶的品质；⑥完整介绍茶艺程序内容，条理清晰，口齿清晰婉转；⑦奉茶次序正确，做到微笑服务，并细致、有条理地做好收具工作；⑧考生根据命题创作，要求贴合命题主题，内涵深远。

2. 茶会创新

考核时间：10 分钟。

考核形式：笔答。

试题 1：茶艺节目编创的原则。

考核要求：简述茶艺节目编创的原则。要求表述条理清晰，语言流畅，叙述完整。

参考答案概要：①生活性与文化性相统一；②科学性与艺术性相统一；③规范性与自由性相统一；④继承性和创新性相统一。

试题 2：茶艺编创质量评价的要素。

考核要求：简述茶艺节目编创质量评价的要素。要求表述条理清晰，语言流畅，叙述完整。

参考答案概要：茶艺编创质量的评价主要有以下几个要素：①茶艺节目创作主题立意；②茶艺节目创作艺术表现；③茶艺节目的细节布置；④茶艺表演者的现场表现。

试题 3：茶艺美学的本质特征。

考核要求：简述茶艺美学的本质特征。要求表述全面，条理清晰，语言流畅，叙述完整。

参考答案概要：陈文华先生在所著《茶文化概论》中，根据美学的三个层次，总结出茶艺美学的三个本质特征：①清静之美；②中和之美；③儒雅之美。

试题 4：茶艺舞台美学的表现特点。

考核要求：简述茶艺舞台美学的表现特点。要求表述全面，条理清晰，语言流畅，叙述完整。

参考答案概要：①品饮环境的清雅之美；②主泡茶人的神韵之美；③茶艺要素的和谐之美；④语言解说的留白之美。

4.8 业务管理（茶事管理）

4.8.1 业务管理考核范围和技能要求

业务管理的考核范围和技能要求见表4-8。

表4-8 业务管理的考核范围和技能要求

工作内容（考核范围）	技能要求
二级：服务管理 一级：经营管理	二级 能制订茶艺流程及服务规范 能指导低级别茶艺服务人员 能对茶艺师的服务工作检查指导 能够制订茶艺馆服务管理方案并实施 能提出并策划茶艺演示活动的可实施方案 能对茶艺馆的茶叶、茶具进行质量检查 能对茶艺馆的安全进行检查与改进 能处理宾客诉求 一级 能制订并实施茶艺馆经营管理计划 能制订并落实茶艺馆营销计划 能进行成本核算，对茶饮与商品定价 能拓展茶艺馆茶点、茶宴业务 能创意策划茶艺馆的文创产品 能策划与茶艺馆衔接的茶文化旅游
二级：茶艺培训 一级：人员培训	二级 能制订与实施茶艺人员的培训计划 能组织茶艺人员进行培训教学 能组建茶艺演示队 能训练茶艺演示队 一级 能完成茶艺培训工作并编写培训讲义 能对技师进行指导 能策划组织茶艺馆全员培训 能撰写茶艺馆培训分析与总结报告 能撰写茶业调研报告与专题论文

4.8.2 模拟题

1. 服务管理和茶艺培训

考核时间：5分钟。

考核形式：口答。

试题 1：简述茶艺馆特色服务推销的方法。

考核要求：简述茶艺馆特色服务的推销方法。要求表述完整，口齿清晰。

参考答案概要：特色服务的推销有三种方法：一是通过客户档案推销，客户档案建立较为完善的茶艺馆可通过档案上的客户资料向他们传递茶艺馆所推出的特色服务信息；二是通过广告推销，将茶艺馆的特色服务通过各种媒体向外传播；三是通过茶艺馆的活动推销，最常见的有打折活动、研讨活动和文化活动等。

试题 2：茶艺馆服务人员培训的步骤。

考核要求：简述茶艺馆服务人员培训的步骤及其意义。要求表述完整，口齿清晰。

参考答案概要：茶艺服务人员（茶艺师）培训计划的实施包括岗前培训和持证上岗后的集中培训：①岗前培训。原则上，任何一位茶艺人员在走上岗位提供茶艺服务之前都必须接受规定时间的茶艺培训并取得茶艺师资格证书；②持证上岗后的集中培训。在茶艺师持证上岗之后，茶艺师还应该继续接受培训。通过培训学习新知识和新技能。

试题 3：茶艺馆消防安全管理制度。

考核要求：回答茶艺馆消防安全管理的制度。要求表述清晰，完整全面。

参考答案概要：①员工要进行入职岗前消防安全培训和定期消防安全培训，熟知必要的消防安全知识，掌握相关技能；②实行每日防火巡查、检查制度，并做好记录；③保障安全出口、疏散通道的畅通，对安全出口指示灯、应急照明灯要及时进行检修，确保正常运转；④对馆内的消防设施、消防器材必须定期进行检查、维护，以保证其灵敏度和应有功效；⑤对存在火灾隐患的地方，要及时整改，消除隐患；⑥建立用电、用火管理制度；⑦严禁携带易燃、易爆等危险物品进入馆内，如发现危险情况，立即报火警处理；⑧根据灭火、应急疏散预案，定期组织灭火和应急疏散演练。

试题 4：茶艺培训计划的编制。

考核要求：简述茶艺培训的要点。要求表述清晰，完整全面。

参考答案概要：每一份培训计划都包括：课程、任课教师、课时、授课形式四大部分。①课程。包括课程目标与讲课内容两个部分。②任课教师。对任课教师有两方面的要求：一是熟悉课程；二是课堂掌控能力。③课时。包括培训的时间跨度和每一门课所占时长两个方面。④授课形式。有以老师为主的讲解式，有师生互动的讨论式，有学员动手的体验式，还有考察、访问等多种形式。

试题 5：针对社会的茶艺培训组织工作要点。

考核要求：简述针对社会的茶艺培训工作要点。

参考答案概要：①发布培训通知；②学员接待；③班级管理；④教师邀请及组织备课；

⑤开课前做好相关准备。

试题 6：茶艺队人员的能力要求。

考核要求：简述茶艺队人员的能力要求。

参考答案概要：①具有对新知识、新技能的学习能力和创新能力；②具有责任意识、团队意识与协作精神；③熟练掌握茶叶冲泡技艺；具有茶艺设计与表演能力；④具有茶叶品质鉴别能力；⑤具有茶叶营销能力；⑥具有品茗环境设计能力；⑦具有茶楼、茶行、茶店服务、经营与管理能力；⑧能阅读一般英文资料、并用英语进行简单交流接待；⑨取得与本专业工种相关的1~2个国家三级以上职业资格证书。

2. 茶艺馆经营管理和人员培训的主要内容

考核时间：5分钟。

考核形式：口答。

试题 1：茶艺馆项目计划书写作的主要部分。

考核要求：简述茶艺馆项目计划书写作的主要结构内容。要求表述完整，口齿清晰。

参考答案概要：茶艺馆项目计划书大概分为三个部分：①前言：对该计划书的大致背景与作者思路作概括性的交代；②正文：包括客户分析、选址分析、人员配备、投资分析、营销线路、产品分析；③结语：对该计划书作总结，对茶艺馆投资的收益进行展望，表达策划者对此计划的信心与获得投资的愿望。

试题 2：茶艺馆的管理制度。

考核要求：简述茶艺馆的管理制度。要求表述清晰，完整全面。

参考答案概要：常见的有经理负责制、经济责任制和岗位责任制三种类型。①经理负责制，包含责任与岗位职责两方面；②经济责任制。经济责任制是包括责任制、考核制和奖惩制的"三位一体"的经营管理制度；③岗位责任制。岗位责任制是茶艺馆在管理中按照工作岗位所规定的人员岗位责任制、作业标准、权限、工作量、协作要求等责任制度。

试题 3：茶艺馆的定价程序。

考核要求：简述茶艺馆的定价程序。要求表述清晰，完整全面。

参考答案概要：①核定茶艺馆营业的总成本；②预测市场的价格承受能力；③分析竞争者的价位与反应；④选择合适的定价方法与调整价格的时机。

试题 4：茶宴制作的要领。

考核要求：简述茶宴制作的要点。要求表述清晰，完整全面。

参考答案概要：①茶宴的菜品要符合茶的精神，以朴素精俭、清淡雅致为美；②在烹调方法上，以炖、煮、烤、渍为宜，煎炒红烧类的方法不太适合茶宴；③品尝的温度不宜太高。虽然单纯从食物来说，温度高一些菜品会更可口一些，但是温度高了，菜品的香气会飘散，影响茶室的气息；④具体的菜品选择及食器的搭配，要与茶宴的主题、季节相关，要能使客人与外界产生疏离感；⑤茶宴时间的安排可以在正餐之前，也可以在正餐之后。

试题 5：茶艺培训讲义编写要领。

考核要求：简述茶艺培训讲义编写的要领。

参考答案概要：①讲义制作前，要明确六个问题：对象、目标、内容、时间、策略、评价；②讲义编写要求：内容详细；课程分类清楚；深浅适度；知识准确；③幻灯片设计要点：培训者尽量选择背景简洁、颜色对比清晰、适合各种图片的幻灯片模板。幻灯片制作时，要注意文字字体、字形，以及文字数量、版面色彩、图片的应用。

试题6：涉茶类调研报告的结构。

考核要求：简述涉茶类调研报告的结构要求。

参考答案概要：涉茶类调研报告的结构，可分为五大主体：标题、引言、正文、结尾和附录。而正文又可分为四大分支：记叙、说明、分析和结论。五大主体构成了整个调研报告的大框架，相对固定，可作为任何一种类型调研报告写作之用。而正文中的四大分支，可进行任意搭配组合，使得调研报告的写作更灵活，更能突出主题和特色。

项目 5

论文和技术总结

在茶艺师（二级、一级）技能等级考试综合评审中，需要提交论文和技术总结。

5.1 论文

5.1.1 论文选题

论文采取考生自选题方式。选题应根据国家职业标准要求，参考培训教程，同时结合考生所在单位或有关行业实际工作的情况自行拟定。

5.1.2 论文撰写要求

1）必须由考生独立完成，不得侵权、抄袭，或请他人代写。

2）如无特殊说明，论文字数原则上职业技能等级一级不少于5000字，二级不少于3000字。

3）论文所需数据、参考书等资料一律自备，论文中引用部分须注明出处。

4）论文一律采用A4纸打印，一式3份，装于档案袋中并粘贴论文封面。

5）考生应围绕论文主题收集相关资料，进行调查研究，从事科学实践，得出相关结论，并将研究过程和结论以文字、图表等方式组织到论文之中，形成完整的论文内容。

6）论文内容应做到主题明确、逻辑清晰、结构严谨、叙述流畅、理论联系实际。

5.1.3 论文格式要求

1）论文由标题、署名、摘要、正文、注释及参考文献组成。

2）标题即论文的名称，应当能够反映论文的内容，或是反映论题的范围，尽量做到简短、直接、贴切、精炼、醒目和新颖。

3）摘要应简明扼要地概括论文，一般不超过300字。

4）注释是对论文中需要解释的词句加以说明，或是对论文中引用的词句、观点注明来源出处。注释一律采用尾注的方式（即在论文的末尾加注释）。

5）论文的末尾须列出主要参考文献。

6）注释和参考文献的标注格式如下：①图书：按作者、书名、出版社、出版年、版次、页码的顺序标注；②期刊：按作者、篇名、期刊名称、年份（期号）、页码的顺序标注；③报纸：按作者、篇名、报纸名称、年份日期、版次的顺序标注；④网页：按作者、篇名、网页、年份日期的顺序标注。

5.1.4　论文提交方式

在考试当日：论文由考生带到考场，根据统一安排和说明上交监考老师，监考老师负责将本考场考生的论文按准考证号顺序收齐。

5.1.5　论文格式样例

1. 论文提交封面格式

论文封面格式如图 5-1 所示。

职业技能等级认定考试
（上空四行，三号仿宋，居中）
（职业名称）论文
（二号黑体，居中）
（职业技能等级一/二级）

（空四字，四号宋体）论文题目：＿＿＿＿＿＿＿＿＿＿＿＿

（空四字，四号宋体）姓　名：＿＿＿＿＿＿＿＿＿＿＿＿

　　　　　　　　身份证号：＿＿＿＿＿＿＿＿＿＿＿＿

　　　　　　　　准考试号：＿＿＿＿＿＿＿＿＿＿＿＿

　　　　　　　　所在省市：＿＿＿＿＿＿＿＿＿＿＿＿

　　　　　　　　所在单位：＿＿＿＿＿＿＿＿＿＿＿＿

图 5-1　论文封面格式

2. 论文撰写格式

论文撰写格式如图 5-2 所示。

标题（二号黑体，居中）

姓名（四号仿宋体，居中）

单位（四号仿宋体，居中）

摘要：（摘要正文，四号楷体，行间距固定值 22 磅）

（论文正文，四号宋体，行间距固定值 22 磅）

注释：（小四号宋体，单倍行距）

参考文献：（小四号宋体，单倍行距）
（1）
（2）
（3）

图 5-2　论文撰写格式

3. 论文答辩评分表样例

论文答辩评分见表 5-1。

表 5-1　论文答辩评分表

文章（论文）答辩评分表

考生姓名		准考证号码		
文章（论文）题目				

		评定项目	满分/分	实际成绩分/分
文章（论文）内容部分		1. 文章内容的意义和难度	6	
		2. 文章内容的正确性	6	
		3. 文章结构的逻辑性	6	
		4. 文章的独创性及应用价值	6	
		5. 掌握基础理论知识的程度	6	
		6. 综合分析和解决问题的能力	6	
		7. 文字质量和书面表达能力	4	
		小　计	40	
文章（论文）答辩部分	答辩问题	1.		
		2.		
		3.		
		4.		
		评定项目	满分/分	实际成绩/分
		1. 考生汇报文章情况	20	
		2. 回答问题正确性	15	
		3. 对文章内容的理解深度	15	
		4. 逻辑思维及口头表达能力	10	
		小　计	60	
答辩委员签字	文章撰写部分		文章答辩部分	
	年　月　日		年　月　日	

5.2 技术总结

5.2.1 个人技术总结样例

个人技术总结样例如图 5-3。

个人技术总结

姓名 ××××

××××年××月××日

图 5-3 个人技术总结

内容：略

特别提醒：
1. 需要的是技术工作总结，不要写成年终总结。
2. 与所从事技术工作相关的荣誉、奖项等可作为附件提交。

图 5-3　个人技术总结（续）

5.2.2 业绩（技术工作总结）考核评分表样例

业绩（技术工作总结）考核评分见表 5-2。

表 5-2 业绩（技术工作总结）考核评分表

高级技师（技师）业绩考核评分表

申报人姓名_____　　　　考评员（签字）：_____

序号	项目	评定点（要素）	评定试行标准与办法	评定成绩
1	业绩与成果（60 分）	技术革新	1. 国家级竞赛前 10 名、省级前 6 名；获得市级技术能手、市级劳动模范、市级五一劳动奖章；省级技术创新发明、创造、推广、应用三等奖以上主要完成者；取得技术成果或解决关键技术难题，为企业创造明显经济效益 50 万元以上的主要参与者；在部队服役期间因技术创新、发明、创造而荣立三等功以上者，得 50~60 分 2. 获国家级竞赛 11~20 名、省级第 7~10 名、市级前 5 名；市级技术创新发明、创造、推广、应用二等奖以上的主要完成者；取得技术成果或解决关键技术难题，为企业创造较好经济效益 20 万元以上的主要参与者，得 40~50 分 3. 获得市级竞赛 6~10 名、参与企业技改项目并取得一定经济效益，获得企业或部门的较好评价（企业界或部门先进个人、优秀生产工作者等）得 35~45 分 4. 有一定的业绩与成果得 30~35 分 5. 有发明创造酌情得 5~10 分；在市级以上专业杂志上发表科技文章、论文的酌情加 5~10 分 6. 各项目不重复记分，各种奖励按高等级给分，多次获得较高等级奖励（市级以上）可酌情加 5~10 分 7. 本项目总分为 60 分，如果合计超过 60 分，按 60 分计算	
2		技术攻关		
3		工艺难题		
4		发明（专利）		
5		技能竞赛		
6		获表彰奖励		
7		发表科技文章		
8		工作质量与效益		
9	潜在能力（20 分）	创新能力	1. 技能鉴定考核为优秀（90 分以上），论文或技术答辩及成果发布为 85 分以上得 20 分 2. 技能鉴定考核为良好（80~89 分），论文或技术答辩及成果发布为 75 分以上得 15 分 3. 鉴定考核或论文答辩为合格得 12 分 4. 大专以上学历酌情加 2~3 分，高中、中技、中专学历酌情加 1 分	
10		学习理解能力		
11		文化素质		
12		业务素质		
13	传授技艺（20 分）	传授绝技绝招	1. 有绝技绝活、参加市级以上技术经验交流；参加过市级以上专业技术授课；徒弟中已成为高级工或作出较大贡献得 20 分 2. 在企业公司内授课或技术讲座，徒弟的职业资格在中级工以上得 16 分 3. 在部门班组传授技艺并自编讲义等文字资料的，得 12 分 4. 担任鉴定考评员的，酌情加 5~10 分 5. 以上传授技艺、教学、编写资料等需要有效的旁证材料，否则得基础分 10 分	
14		编写培训资料		
15		操作示范教学		
16		担任鉴定考评员		
17		以师带徒		
	综合评定		此表总分为 100 分	

理论知识模拟试卷及答案

茶艺师（五级）理论知识模拟试卷

注 意 事 项

1. 本试卷依据《国家职业技能标准　茶艺师》（2018年版）命制。
2. 请在试卷标封处填写姓名、准考证号和所在单位的名称。
3. 请仔细阅读答题要求，在规定位置（或答题卡）填写答案。
4. 考试时间：90分钟。

	一	二	总　分
得　分			

一、单项选择题（每题1分，共80分）

1. 职业道德是从业人员在职业活动中应该遵守的（　　　）准则。
   A. 道德行为　　　　B. 法律行为　　　　C. 基本行为　　　　D. 伦理行为

2. 职业道德属于道德范畴，是（　　）的重要组成部分。
   A. 特殊道德　　　　B. 伦理道德　　　　C. 行业道德　　　　D. 社会道德

3. （　　　）属于茶艺馆的违规经营活动。
   A. 售卖临期商品　　　　　　　　　　B. 代卖经营范围之外的商品
   C. 为顾客过生日　　　　　　　　　　D. 替顾客跑腿

4. 对茶艺服务人员的正确理解是（　　　）。
   A. 茶艺师只负责冲泡好茶水，不用管顾客
   B. 茶艺师的工作主要是为了体现出美感
   C. 热情友好是茶艺师的待客之道

D. 茶艺师需要纠正顾客错误的认知

5. "茶之为饮，发乎神农氏，闻于鲁（　　）。"传说是神农氏发现了茶，至唐代开始流行到全国，饮茶成为风尚。

  A. 桓公　　　　　　B. 周公　　　　　　C. 明公　　　　　　D. 同公

6. 《神农食经》中记载了茶的功用。提到神农氏发现茶，人们每每引用一个传说："神农尝百草，日遇七十二毒，得（　　）而解之。"

  A. 茶　　　　　　　B. 茗　　　　　　　C. 槚　　　　　　　D. 荈

7. 关于饮茶起源的三种假说是（　　）。

  A. 药用起源说、食用起源说与饮用起源说。
  B. 植物起源说、药用起源说与食用起源说。
  C. 药用起源说、食用起源说与煎煮起源说。
  D. 食用起源说、植物起源说与动物起源说。

8. 饮用的茶大约在汉晋南北朝时期就出现了。陆羽将传统羹饮的茶与淹茶等饮茶方法弃之不用，创造了在煮茶时只加适量盐的煮茶方法，称之为（　　），从此以后成为饮茶的主流。

  A. 烹茶　　　　　　B. 煎茶　　　　　　C. 点茶　　　　　　D. 煮茶

9. （　　）人散居在我国西南地区，主要分布在风光秀丽的云南大理，他们热情好客，会用"一苦、二甜、三回味"的三道茶款待客人。

  A. 回族　　　　　　B. 白族　　　　　　C. 土家族　　　　　D. 哈尼族

10. 基诺族主要分布在云南西双版纳地区，他们的饮茶方法较为罕见，常见的有（　　），是一种较为原始的食茶方法，它的历史可以追溯到数千年以前。此法以现采茶树鲜嫩新梢为主料，再配以黄果叶、辣椒、盐等作料而成。

  A. 烤茶　　　　　　B. 罐罐茶　　　　　C. 竹筒茶　　　　　D. 凉拌茶

11. 正规的英式下午茶非常讲究，茶具和茶叶需是最高级的，再用一个装满食物的三层瓷盘，从上到下依次盛有蛋糕、水果挞及一些小点心；传统英式松饼和培根卷等；三明治和手工饼干。食用的顺序一般是（　　），滋味由淡至浓。

  A. 从下到上　　　　B. 从上到下　　　　C. 从左到右　　　　D. 从前到后

12. 茶树叶片的大小、色泽、厚度和形态，因品种、季节、树龄及农业技术措施等的不同而有显著差异，其叶片形状有椭圆形、卵形、长椭圆形、倒卵形、圆形等，以椭圆形和卵形为最多。成熟叶片的边缘上有锯齿，一般为（　　）对。

  A. 10~15　　　　　B. 16~32　　　　　C. 32~46　　　　　D. 46~58

13. 茶树性喜温暖、湿润，在南纬45度与北纬38度间都可以种植，最适宜的生长温度在18~25℃，不同品种对于温度的适应性有所差别。一般小叶种的茶树，抗寒性与抗旱性均比大叶种强。年降水量在（　　）毫米左右且分布均匀，朝晚有雾，相对湿度保持在85%左右的地区，较有利于茶芽发育及茶青品质。

  A. 800　　　　　　B. 1000　　　　　　C. 1500　　　　　　D. 1200

14. 绿茶类属于（　　）。绿茶的加工基本工序是：摊晾→杀青→揉捻造型→干燥。茶叶颜色普遍是绿色，泡出来的茶汤为绿黄色，因此称为绿茶，如雨花茶、龙井、碧螺春、黄山毛峰、太平猴魁等。

  A. 发酵茶   B. 不发酵茶
  C. 半发酵茶   D. 轻发酵茶

15. 白茶加工的基本工序是：萎凋→干燥。萎凋是采取薄摊叶子，使叶子慢慢失水，叶质变软，形成茶香，失水以减重30%为度。白茶萎凋的方法有（　　）两种。

  A. 日光萎凋和阴天萎凋   B. 室内萎凋和室外萎凋
  C. 晴天萎凋和阴天萎凋   D. 日光萎凋和室内自然萎凋

16. 黑茶加工工序中的堆积发酵通常采用大堆发酵，堆好后在茶堆表面泼水，使表层茶叶湿透，再盖上湿布。大而高的茶堆，有利于升温、保温和保湿。堆积发酵时间为（　　）天，每隔5~10天翻堆一次，有利于升温和均匀发酵。

  A. 30~40   B. 40~50   C. 40~60   D. 20~30

17. 花茶是将茶叶加花窨烘而成（发酵度视茶类不同而有所区别，在我国，大陆以绿茶窨花多，台湾地区以青茶窨花多。目前红茶窨花越来越多）。这种茶富有花香，以窨的花种命名，又名窨花茶、香片等，饮之既有茶味，又有花的芬芳，是一种（　　）。

  A. 紧压茶   B. 花味茶   C. 果味茶   D. 再加工茶

18. 常温储存的茶叶干茶含水量应控制在（　　）左右。包装物必须具有良好的防潮性能，包装袋材料最好用2~3层的高分子复合材料。包装袋封口要严密。储存时间最好不超过3个月。

  A. 5%   B. 6%   C. 7%   D. 8%

19. 审评茶叶应包括（　　）两个大项目的多个因子。

  A. 香气与内质   B. 外形与香气
  C. 色泽与内质   D. 外形与内质

20. 鉴别真假茶，可以检测茶叶的理化成分，（　　）占干茶总量的20%~30%，茶多糖占茶叶总量的20%~25%，咖啡因占茶叶干物质重量的2%~3%。

  A. 蛋白质   B. 叶绿素   C. 氨基酸   D. 茶多酚

21. 西汉时期，开始出现茶具的雏形。汉代王褒的（　　）中有"烹茶尽具"的要求，说明当时很有可能已经将茶具与食具分开了。

  A.《茶经》   B.《僮约》   C.《易经》   D.《荈赋》

22. 唐代茶具已经成系统了，尤其是经过陆羽的整理之后，茶具体系更加完备。陆羽的《茶经》是一部非常完备的茶学著作，其中"四之器"谈煮茶、饮茶的茶器，列举的茶器共有（　　）项，若依功能分类，大抵可分为六类：煎煮茶器、焙碾茶器、贮盛茶器、饮茶器、搅拌器、洁茶器。

  A. 二十四   B. 十五   C. 二十   D. 三十

23. 汤瓶是（　　）茶具，用来煮开水，开水称为汤，所以称汤瓶。讲究一点的茶会上常把煮水的壶与点茶的壶分开，点茶的壶称为水注。但普通的饮茶，汤瓶与水注往往合二为一。

  A. 唐代   B. 宋代   C. 明代   D. 清代

24. 盖碗出现于（ ），是一种上有盖、下有托、中有碗的茶具，俗称"三才杯"。

  A. 明代   B. 清代   C. 现代   D. 唐代

25. 《茶经》里第一次对茶与水的关系做了论述，唐代（ ）又在《茶经》的基础上发展了新的观点，是我国第一部品评水质的专著。

  A. 宋徽宗的《大观茶论》   B. 杜育的《荈赋》

  C. 张又新的《煎茶水记》   D. 蔡襄的《茶录》

26. 陆羽对水质的要求以清洁、安全为主，他认为（ ）不适合用来煮茶。

  A. 山泉水   B. 荒废的井水

  C. 天然的雪水   D. 远离人的江水

27. 煮水的燃料，选用（ ）最佳。

  A. 油脂丰富的木柴   B. 牛粪

  C. 陈腐的木器   D. 无烟的橄榄炭

28. 不同季节的茶叶中维生素含量最高的是（ ）。

  A. 春茶   B. 夏茶   C. 秋茶   D. 冬茶

29. （ ）对"茶醉"无缓解作用。

  A. 饮酒   B. 喝糖水   C. 吃点心   D. 吃水果

30. 神经衰弱者饮茶以（ ）为宜。

  A. 喝浓茶   B. 茶水服药   C. 喝淡茶   D. 空腹饮茶

31. 过量饮浓茶，会引起头痛、恶心、（ ）、烦躁等不良症状。

  A. 龋齿   B. 失眠   C. 糖尿病   D. 冠心病

32. 茶艺包括茶叶的品鉴和冲泡方法，其中主要包括选茶、（ ）、备器、冲泡、品饮这六要素。

  A. 鉴水、选水   B. 鉴水、造境

  C. 择水、焚香   D. 煮水、场所

33. 茶艺师为顾客挑选茶叶的时候，除了要根据个人喜好、气候条件、顾客要求等方面之外，还需要注意根据（ ）来挑选更适合的茶。

  A. 顾客体质   B. 顾客预算

  C. 品茗人数   D. 茶艺师主观喜好

34. 茶品不同，茶叶的浸泡时长也是不同的，下列说法中，错误的是（ ）。

  A. 杯泡法可以忽略浸润时长问题

  B. 乌龙茶浸泡时间过长，易造成苦涩

  C. 细嫩的茶叶浸泡时间可以相对缩短

  D. 粗老的茶通过延长浸泡可调节茶汤浓度

35. 下面（ ）的描述说明了器具的重要性。

A. 水为茶之母，器为茶之父　　　　　　B. 山水上、江水中、井水下
C. 坐客皆可人，鼎器手自结　　　　　　D. 幽香入茶灶，静翠直棋局

36. 根据茶叶品种来选择器具，一般来说，（　　）不适合冲泡黑茶。
A. 盖碗　　　　B. 紫砂壶　　　　C. 瓷壶　　　　D. 玻璃杯

37. 悬壶高冲的注水方法，通常适用于冲泡（　　）。
A. 白茶　　　　B. 绿茶　　　　C. 黑茶　　　　D. 乌龙茶

38. 下列关于冲泡方法，错误的是（　　）。
A. 冲泡红茶选用青瓷茶具为佳
B. 冲泡绿茶一般用玻璃杯
C. 冲泡白牡丹的水温在95℃为宜
D. 冲泡福建工夫茶，可以用紫砂壶或盖碗或白瓷茶具冲泡

39. 红茶的保健功效主要有（　　）、利尿、抗衰老、延年益寿等。
A. 强胃　　　　B. 健脾　　　　C. 补肺　　　　D. 强肾

40. 不同年龄的人选择不同茶饮，更年期女性宜饮（　　），有助于疏肝解毒、理气调经。
A. 绿茶　　　　B. 红茶　　　　C. 白茶　　　　D. 花茶

41. 心理学研究，人与人见面时，（　　）留下的记忆最深刻。
A. 得体穿着　　B. 优雅举止　　C. 热情问候　　D. 第一印象

42. 茶艺师在仪容方面要遵循两个原则：（　　）。
A. 得体穿着和美好面容　　　　　　　　B. 干净整洁和适当修饰
C. 举止优雅和干净整洁　　　　　　　　D. 待人热情和举止有度

43. （　　）面料不适合用在茶艺师的服装制作上。
A. 丝绸　　　　B. 棉麻　　　　C. 翻毛皮　　　　D. 亚麻

44. 茶艺师服装的颜色最好以冷色为主，忌（　　）。
A. 暖色　　　　B. 鲜艳色　　　　C. 茶色　　　　D. 黑色

45. 茶艺师工作时，最好选择（　　）的化妆品。
A. 无香味　　　B. 纯植物　　　C. 纯进口　　　D. 纯国产

46. （　　）不适合茶艺师。
A. 齐耳短发　　B. 披肩长发　　C. 马尾辫　　　D. 盘发

47. 茶艺师在手端茶盘的情况下，应该用（　　）上茶。
A. 双手　　　　B. 左手　　　　C. 右手　　　　D. 助理

48. 茶室的岗位一般分为经理、主管、厨师长、迎宾员、茶艺师、厨师、采购员、收银员、保洁员、（　　）等。小型的茶室这些岗位往往由几位茶艺师兼任，较大的茶室则定岗定人，各司其职。
A. 保安员　　　B. 保管员　　　C. 保卫员　　　D. 保全员

49. 茶馆经理上对公司负责，下管各部门（　　）。

  A. 主管   B. 人员   C. 茶艺师   D. 员工

50. 迎宾员对（　　）负责。

  A. 主管   B. 老板   C. 嘉宾   D. 茶艺师

51. 茶艺师对主管负责。茶艺师应具有强烈的工作责任心和责任感，有高尚的职业道德及良好的纪律素养；具有专业的茶艺培训（　　），了解茶品的知识，具备规范的茶叶冲泡技术，有一定的实际操作经验；具有良好的口头表达能力，善于沟通与交流；了解食品与茶叶的营养卫生知识，懂得相关的法律法规知识。

  A. 证书   B. 能力   C. 技术   D. 课程

52. （　　）负责收取钱款，并于每日打烊后整理当天的账目。由于茶馆的规模一般不会太大，大多不会配备专职的财会人员，每月月底，该岗位要对当月营收情况进行汇总分析。

  A. 经理   B. 销售员   C. 收银员   D. 茶艺师

53. 茶艺师按照不同茶品的标准流程通常可为顾客冲泡（　　）。

  A. 三次   B. 多次   C. 一次   D. 两次

54. 冲泡绿茶时，惯用的茶水比为（　　）。

  A. 1∶20   B. 1∶30   C. 1∶40   D. 1∶50

55. 一般来讲，早春的茶投茶量比普通春茶投茶量（　　）。

  A. 少   B. 多   C. 一样   D. 不能比较

56. 乌龙茶适宜的茶水比为（　　）。

  A. 1∶20   B. 1∶30   C. 1∶40   D. 1∶50

57. 日常泡茶时，外形松散的条状乌龙茶投茶量大致为容器的（　　）。

  A. 1/2   B. 1/3   C. 1/4   D. 1/5

58. 花茶因香气宜人，因此多用（　　）冲泡。

  A. 玻璃杯   B. 紫砂壶   C. 小瓷壶   D. 盖碗

59. 泡茶时，水温越低，茶叶滋味越（　　），香气越（　　）。

  A. 淡薄，浓郁   B. 浓醇，淡雅

  C. 淡薄，降低   D. 浓醇，浓郁

60. 新白茶适合用（　　）的水来冲泡。

  A. 70℃   B. 85℃   C. 90℃   D. 100℃

61. 老白茶适合用（　　）的水来冲泡。

  A. 70℃   B. 85℃   C. 90℃   D. 100℃

62. 碧螺春茶适合（　　）冲泡。

  A. 上投法   B. 中投法   C. 下投法   D. 煮饮法

63. 普通西湖龙井茶适合（　　）冲泡。

  A. 上投法   B. 中投法   C. 下投法   D. 煮饮法

64. 用盖碗冲泡红茶，温润泡时，需向盖碗内注入（　　）容量的开水。

  A. 1/2   B. 满杯   C. 1/4   D. 1/5

65. 台式乌龙茶的冲泡中，闻香杯的作用是（   ）。
   A. 给茶汤降温   B. 闻香气   C. 品茶   D. 表演用

66. 观赏茶叶的汤色要及时，在相同的温度和时间内，（   ）。
   A. 绿茶色变大于红茶   B. 大叶种大于小叶种
   C. 老叶大于嫩叶   D. 陈茶大于新茶

67. 对于西湖龙井茶的品质特征，下列描述不准确的是（   ）。
   A. 特级茶鲜叶采摘要求一芽一叶   B. 芽长于叶
   C. 芽叶长度不超过 3 厘米   D. 干茶具有独特的"糙米色"

68. "外形条索纤细，卷曲成螺，白毫特显，色泽银绿隐翠"描述的茶品是（   ）。
   A. 西湖龙井   B. 碧螺春
   C. 南京雨花茶   D. 六安瓜片

69. （   ）在制法上吸收了六安瓜片的杀青和西湖龙井的理条手法，外形紧细、圆、光、直，有锋苗，色泽银绿隐翠，内质香气高鲜，有熟板栗香。
   A. 碧螺春   B. 信阳毛尖   C. 恩施玉露   D. 竹叶青

70. 特种（细嫩）烘青绿茶是指干燥时烘干的名优绿茶，其中不包括（   ）。
   A. 黄山毛峰   B. 太平猴魁   C. 安吉白茶   D. 西湖龙井

71. 外形芽头肥壮挺直，满披茸毛，色泽金黄光亮，具有"金镶玉"美称的茶品是（   ）。
   A. 蒙顶黄芽   B. 白毫银针   C. 君山银针   D. 寿眉

72. 关于安溪铁观音，下列描述不正确的是（   ）。
   A. 既是茶名，又是茶树品种名
   B. 铁观音是闽北乌龙茶的代表
   C. 外形条索紧结沉重卷曲，色泽油润带砂绿
   D. 香气清高馥郁，具有天然兰花香

73. 闽北乌龙茶的代表茶品，不包括（   ）。
   A. 大红袍   B. 铁罗汉   C. 水金龟   D. 凤凰单丛

74. 武夷岩茶的总体特征，下列描述不正确的是（   ）。
   A. 条索肥壮，紧结匀整，带扭曲条形
   B. 叶背起蛙皮状砂粒，俗称"蛤蟆背"
   C. 内质香气馥郁隽永，具有特殊的"观音韵"
   D. 滋味醇厚回甘，叶底柔软匀亮

75. 茶单的设计中，一定要将最有效的信息传达给顾客，关键要素不包括（   ）。
   A. 供应的价格明码实价，不可故弄玄虚
   B. 对茶品的功效作简单的介绍，让顾客选择更有针对性
   C. 在外观设计上，茶单最理想的开本尺寸为 23 厘米 ×30 厘米
   D. 多页的茶单中，前页是重点，然后是中间和后页

76. 电子茶单相较于传统茶单有很多优势，其中不包括（   ）。
    A. 下单更便捷   B. 可随时变化
    C. 综合成本远低于传统茶单   D. 适合老年人操作

77. 顾客尚未离开前，不能以各种借口收拾撤台。顾客起身离开后，茶艺服务人员应及时检查桌面、地面有无顾客的（   ）。如果发现，及时送还顾客。
    A. 茶叶   B. 手机   C. 遗留物品   D. 书包

78. 收拾用过的茶具、食碟及桌面垃圾，将垃圾按照（   ）分别收拾清理，按照店面要求重新布置台面、摆放茶具。
    A. 颜色区分   B. 功能区分
    C. 材料区分   D. 分类标准

79. 茶馆的产品是一个整体，所有的产品都需要推广，也只有经历了合适的推广，才能知道哪些是真正的人气产品，才不会因为推介不够而埋没一些品质优异的产品。产品的推广宗旨是让顾客了解产品的各种（   ），并进而产生消费的欲望。
    A. 技术流程   B. 优点   C. 个性   D. 工艺特点

80. 对于带有养生内容的茶馆来说，制作茶馆宣传册要突出茶的（   ），挑选其中简明易懂且易行的内容制作成小册子，但要实事求是，不可过分夸大渲染。
    A. 药用功效   B. 产地优势
    C. 冲泡方法   D. 养生功效

二、判断题（每题1分，共20分）

81.（   ）茶艺师职业道德的基本准则是热爱茶艺工作，精通业务，追求利益最大化。

82.（   ）开展道德评价对提高茶艺服务质量的作用，在于茶艺师之间进行相互监督和帮助。

83.（   ）提高自己的学历水平属于培养职业道德修养的主要途径。

84.（   ）精细加工的蒸青饼茶出现在隋唐时期，是在原始散茶、原始饼茶的基础上发展而来的。陆羽《茶经》中称："饮有粗茶、散茶、末茶、饼茶者。"说明唐代蒸青茶已有四种。

85.（   ）茶树是一种多年生的木本、常绿植物。茶树在植物学分类系统中，属双子植物门，被子叶植物纲，山茶目，山茶科，山茶属。

86.（   ）建水窑位于云南建水县，早在宋代，这里就生产青瓷，元明两代这里也生产青花瓷，瓷业达到鼎盛时期。

87.（   ）中国瓷器发明很早，但直到东汉时期，青瓷茶具才开始进入人们的生活。

88.（   ）一般泡制高档绿茶用80~85℃的水温，茶汤的香气和滋味最好，因此，不需要将水烧沸至100℃，只需加热至80~85℃即可。

89.（   ）判断茶叶的品质，可以从外形、香气、汤色、滋味和叶底五个方面进行鉴别。

90.（   ）茶艺师岗位职责是：做好每天营业前的准备工作，查点茶艺表演的器物及所用的茶叶；做好个人卫生与器物卫生；需要熟练掌握本店所售茶品的价格、品质和冲泡方法，有熟练的茶艺基本技能与服务技巧；按照标准和程序为顾客提供茶水及茶艺服务；做好茶艺表演收尾工作；注意控制茶叶的成本；注意器物的消毒，以及茶具的清洗；定期接受培训和交流，提高业务素质。

91.（　　）玻璃茶具一般不要和其他茶具一同清洗。洗净后的玻璃茶具要用口布擦拭干净，并注意不要在茶具上留下指纹。

92.（　　）我国茶具种类繁多，从器型上来说，主要有壶、盖碗、杯这三大类。

93.（　　）茉莉花茶是我国花茶中最主要的产品，产于广西、福建、广东、四川、重庆、云南、台湾等地。

94.（　　）在茶艺馆服务中，要拾起落在地面的物品，在下蹲时右脚在前，左脚在后，右小腿垂直于地面，全脚着地。

95.（　　）美国销售学家杰·亚伯拉罕总结说："销售的关键就是信任，信任是客户购买你的产品和服务的唯一理由，也是客户购买你的产品和服务的充分必要条件。"因此，茶艺师如何赢得顾客的信任成了销售成败的关键。

96.（　　）红曲霉是砖茶"发花"的有益的霉菌。

97.（　　）解决劳资关系发生的纠纷基本程序是调解、仲裁、诉讼。

98.（　　）在顾客消费结束买单时，茶艺师说明消费细则是符合《中华人民共和国消费者权益保护法》的。

99.（　　）当茶艺师坐着泡茶时，提壶时肩膀一边高一边低姿势是不雅观的。

100.（　　）茶叶储存的条件是：低温、干燥、无氧气、日晒、无异味。

茶艺师（五级）理论知识模拟试卷答案

一、单项选择题

1~5　　C D B C B		6~10　　A A B B D
11~15　A B C B D		16~20　B D A D D
21~25　B A B A C		26~30　B D A A C
31~35　B B A A A		36~40　D D A A D
41~45　D B C B A		46~50　B C B A A
51~55　A C D D B		56~60　A A D C C
61~65　D A C C B		66~70　A C B B D
71~75　C B D C D		76~80　D C D B D

二、判断题

81~85　×　√　×　√　×		86~90　√　√　×　√　√
91~95　√　√　√　√　√		96~100　×　√　×　√　×

茶艺师（四级）理论知识模拟试卷

注 意 事 项

1. 本试卷依据《国家职业技能标准 茶艺师》（2018 年版）命制。
2. 请在试卷标封处填写姓名、准考证号和所在单位的名称。
3. 请仔细阅读答题要求，在规定位置（或答题卡）填写答案。
4. 考试时间：90 分钟。

	一	二	总 分
得 分			

一、单项选择题（每题 1 分，共 80 分）

1. （　　）是所有从业人员在职业活动中应该遵守的基本行为准则。
   A. 社会道德　　　B. 职业道德　　　C. 职业操守　　　D. 社会公约
2. 社会主义的一切经济活动、职业活动的宗旨是为了满足（　　）的需要。
   A. 国家　　　　　B. 企业　　　　　C. 人民群众　　　D. 集体
3. （　　）是职业的基础，没有精湛的业务水平，所说的各种皆为空谈。
   A. 文化水平　　　B. 业务能力　　　C. 学历高低　　　D. 工作态度
4. 茶馆接待礼仪主要体现在（　　）的方式上。
   A. 销售　　　　　B. 迎来送往　　　C. 泡茶　　　　　D. 收银
5. 茶馆的服务员或茶艺师在（　　）等候顾客。
   A. 大厅　　　　　B. 门口　　　　　C. 前台　　　　　D. 包厢
6. 顾客在点单时，茶艺师应（　　）地介绍茶叶（包括名称、产地、价格），并推荐本店的特色茶饮。
   A. 主动　　　　　B. 强烈　　　　　C. 适时　　　　　D. 被动
7. 正式冲泡时（　　），以免唾液喷到茶具上。
   A. 不要讲话　　　B. 保持微笑　　　C. 与客闲聊　　　D. 解说茶艺
8. 为顾客上茶上点心时，（　　）用手接触杯口或是盘碗中的食物。
   A. 可以　　　　　B. 可以稍稍　　　C. 不可以　　　　D. 允许
9. 英国人有（　　）年饮红茶的历史，热爱红茶的程度世界闻名。
   A. 300　　　　　 B. 400　　　　　 C. 200　　　　　 D. 100

10. 茶艺师在为俄国客人服务时，应提供糖、柠檬片、牛奶、（　　）等。
    A. 大酱　　　　　　　　　　　　　　　B. 蜂胶
    C. 果糖　　　　　　　　　　　　　　　D. 果酱或蜂蜜

11. 茶艺师在为印度宾客奉茶时，要用（　　）提供服务。
    A. 左手　　　　B. 双手　　　　C. 右手　　　　D. 托盘

12. 接待土耳其宾客时，可以根据他们喜欢饮加白糖的（　　）茶的习惯，为其准备茶饮。
    A. 绿　　　　　B. 薄荷　　　　C. 红　　　　　D. 乌龙

13. 茶艺师在工作前后（　　）用有气味的洗手液。
    A. 不可以　　　B. 可以　　　　C. 允许　　　　D. 稍微

14. 茶馆用凤凰三点头的动作向顾客表示（　　）。
    A. 欢迎　　　　B. 再见　　　　C. 开始冲泡　　D. 冲泡结束

15. 茶艺师在斟水时注意（　　）把水溅出来。
    A. 允许　　　　B. 不要　　　　C. 可以稍微　　D. 可以

16. 茶艺师在与顾客交流时要尽量使用（　　）。
    A. 通俗易懂的语言　　　　　　　　　　B. 简语
    C. 敬语　　　　　　　　　　　　　　　D. 当地方言

17. 当顾客的茶杯中茶汤只余 1/3 时，茶艺师应及时（　　）。
    A. 倒掉　　　　B. 烧水　　　　C. 冲泡　　　　D. 续水

18. 蒙古族人喝茶以饮用（　　）为主。
    A. 咸奶茶　　　B. 酥油茶　　　C. 甜奶茶　　　D. 八宝茶

19. 茶艺师在为有宗教信仰的顾客服务时，应（　　）。
    A. 主动与顾客谈信仰问题　　　　　　　B. 不要主动与顾客谈信仰问题
    C. 委婉地与顾客谈信仰问题　　　　　　D. 热情地与顾客交谈

20. 陆羽的《茶经》是一部完备的茶学著作，列举的茶器共有（　　）项。
    A. 24　　　　　B. 23　　　　　C. 22　　　　　D. 25

21. 世界上第一部茶书的书名是（　　）。
    A.《品茶要录》　B.《茶具图赞》　C.《茶谱》　　　D.《茶经》

22. 宋代（　　）的主要内容是看汤色、汤花。
    A. 泡茶　　　　B. 鉴茶　　　　C. 分茶　　　　D. 斗茶

23. 明代初年的工匠继承并发展了元代的青花技术，形成了著名的永宣青花瓷器，称（　　）。
    A. 青瓷　　　　B. 黑瓷　　　　C. 景瓷　　　　D. 白瓷

24. 盖碗是一种上有盖、下有托、中有碗的茶具，俗称（　　），暗含天地人和之意。
    A. 三合一碗　　　　　　　　　　　　　B. 鸡缸杯
    C. 羽觞　　　　　　　　　　　　　　　D. 三才碗或三才杯

25. 唐代末年出现了让人惊艳的（　　），可算青瓷史上的顶峰。
    A. 蜜色瓷　　　　　B. 秘色瓷　　　　　C. 米色瓷　　　　　D. 密色瓷
26. 紫砂泥雅称"富贵土"，主要分为三种：（　　）。
    A. 紫泥、红泥、朱泥　　　　　　　　　B. 紫泥、朱泥、段泥
    C. 紫泥、红泥、绿泥　　　　　　　　　D. 紫泥、清水泥、红泥
27. 茶筅品质好坏会影响（　　）的程度，竹穗根数越多效果越好，价格也就越高。
    A. 抹茶细腻　　　　　　　　　　　　　B. 抹茶汤色
    C. 抹茶起泡　　　　　　　　　　　　　D. 抹茶滋味浓淡
28. 用（　　）泡茶，茶水不失原味且能阻止香味四散，保留真香，久放也不易变质。
    A. 玻璃壶　　　　　B. 盖碗　　　　　　C. 银壶　　　　　　D. 紫砂壶
29. 俄罗斯人饮茶十分考究，他们习惯用（　　）煮茶喝，其装有把手、龙头和支脚。
    A. 茶炊　　　　　　B. 茶壶　　　　　　C. 茶炉　　　　　　D. 茶锅
30. 宋人点茶法是用汤瓶来煮水的，水在瓶中，眼睛无法看到，只能靠耳朵来听，判断瓶中水的温度，称为（　　）。
    A. 松风　　　　　　B. 听音　　　　　　C. 形辨　　　　　　D. 声辨
31. 古代用金银容器煮出来的开水称（　　），这样的容器是普通人所用不起的。
    A. 金汤　　　　　　B. 银汤　　　　　　C. 富贵汤　　　　　D. 金银汤
32. "精茗蕴香，借水而发，无水不与之论茶也"是（　　）提出的。
    A. 许次纾　　　　　B. 张大复　　　　　C. 陆羽　　　　　　D. 赵佶
33. 陆羽说泡茶水"其水，用（　　）上，江水中，井水下。"
    A. 山水　　　　　　B. 湖水　　　　　　C. 河水　　　　　　D. 天水
34. 《大观茶论》中写道："水以清、（　　）、甘、冽为美。"
    A. 轻　　　　　　　B. 净　　　　　　　C. 活　　　　　　　D. 纯
35. 宋徽宗赵佶的茶学著作是（　　）
    A.《大观茶论》　　　　　　　　　　　B.《梅花草堂笔谈》
    C.《煎茶水记》　　　　　　　　　　　D.《试茗泉》
36. 现代茶艺对水质的要求是泡茶用水首先应符合生活饮用水卫生标准（　　）的水质。
    A. GB 5749—2006　　　　　　　　　　B. ISO 5749—2006
    C. DB 5749—2006　　　　　　　　　　D. GB/T 5749
37. 现代茶艺对水质的要求，毒理指标的氟化物不高于（　　）毫克/升。
    A. 1　　　　　　　　B. 2　　　　　　　C. 3　　　　　　　　D. 4
38. 脾胃较弱的人士不宜饮用（　　）。
    A. 淡茶　　　　　　　　　　　　　　　B. 浓茶及刚制好的新茶
    C. 新茶　　　　　　　　　　　　　　　D. 陈茶
39. （　　）的茶及食物也以清淡为主，不宜推荐奶茶、果茶、甜点及其他油腻的食物。

A. 儿童　　　　　B. 年轻人　　　　C. 老人　　　　　D. 中年人

40. 唐代的（　　）认为当地水烹当地茶最为适宜。
    A. 张又新　　　B. 陆羽　　　　　C. 卢仝　　　　　D. 赵佶

41. 香蕉红茶的制法是：在茶杯中放入切片的香蕉，并滴入（　　），注入茶汤。
    A. 玫瑰红酒　　B. 香槟　　　　　C. 伏特加　　　　D. 威士忌

42. 倒茶时，无论大杯还是小杯，一般以（　　）为宜。
    A. 满杯　　　　B. 半杯　　　　　C. 七八分满　　　D. 八九分满

43. 凤凰单丛的茶水比为（　　）。
    A. 1∶50　　　　B. 1∶40　　　　 C. 1∶30　　　　　D. 1∶20

44. 冲泡（　　）宜选用玻璃杯。
    A. 太平猴魁　　B. 铁观音　　　　C. 大红袍　　　　D. 普洱茶

45. 冲泡西湖龙井宜采用（　　）
    A. 上投法　　　B. 下投法　　　　C. 中投法　　　　D. 煮饮法

46. 茉莉花茶闻香时的三项指标：一闻鲜灵度、二闻香气的（　　），三闻纯度。
    A. 纯正度　　　B. 浓郁度　　　　C. 浓淡度　　　　D. 持久度

47. 写下"七碗吃不得也，唯觉两腋习习清风生"的是唐代诗人、茶人（　　）
    A. 陆羽　　　　B. 卢仝　　　　　C. 宋徽宗　　　　D. 苏东坡

48. （　　）条索细秀，稍有卷曲，峰苗好，色泽乌褐泛灰光，俗称"宝光"。
    A. 祁门红茶
    C. 正山小种
    B. 金骏眉
    D. 绿宝石

49. 茶室的功能设计要科学、合理，保证顾客有一个（　　）的饮茶环境。
    A. 气氛热闹
    C. 适合营销
    B. 开放
    D. 安静、私密

50. （　　）舒适度好，但占地大，不适合小空间的茶馆。
    A. 躺椅　　　　B. 长条凳　　　　C. 藤椅　　　　　D. 沙发

51. 茶点茶果，是对在（　　）中佐茶的点心和茶食的统称。
    A. 饮茶过程　　B. 生产过程　　　C. 销售过程　　　D. 储存过程

52. 饮茶佐以点心的历史悠久，（　　）即已盛行。
    A. 唐代　　　　B. 宋代　　　　　C. 元代　　　　　D. 明代

53. 宋徽宗赵佶所绘的（　　）描绘的皇家茶席上，所置的茶点茶果，盘大果硕，制作已十分精美。
    A.《斗茶图》　 B.《宫乐图》　　 C.《文会图》　　 D.《夜宴图》

54. 休闲饮茶搭配茶食的原则可概括成一个小口诀，即（　　）。
    A. 甜配绿、酸配红、麻辣配乌龙　　　B. 甜配绿、酸配红、苦涩配乌龙
    C. 甜配绿、酸配红、奶油配乌龙　　　D. 甜配绿、酸配红、瓜子配乌龙

55. 用饼干、松饼、蛋糕、水果派、三明治及各式奶酪、水果、火腿和鱼肉搭配一起来

佐茶的是（　　）。

  A. 中式茶点   B. 日式茶点

  C. 印度式茶点   D. 西式茶点

56. 茶多酚的主要成分是儿茶素、黄酮、花青素及酚酸等，其中（　　）是茶多酚的主要成分。

  A. 酚酸   B. 黄酮   C. 儿茶素   D. 花青素

57. 制作乌龙茶采摘的是较成熟的新梢叶片，其中儿茶素含量较少，（　　）含量较高，为醇厚滋味奠定物质基础。

  A. 葡萄糖   B. 还原糖   C. 果糖   D. 蔗糖

58. 红茶发酵适度，叶色以黄红为主，对（　　）含量的要求是比绿茶低，如果含量高，会影响干茶和叶底色泽。

  A. 茶多酚   B. 还原糖   C. 叶绿素   D. 咖啡因

59. 下列关于茶叶性味的说法正确的是（　　）

  A. 不发酵的绿茶是寒凉的，发酵的红茶是温性的，而乌龙茶与普洱茶介于两者之间

  B. 不发酵的绿茶是温性的，发酵的红茶是寒凉的，而乌龙茶与普洱茶介于两者之间

  C. 不发酵的绿茶是寒凉的，发酵的红茶是热性的，而乌龙茶与普洱茶介于两者之间

  D. 不发酵的绿茶是寒凉的，发酵的红茶是温性的，而乌龙茶与普洱茶是大热的

60. 黑茶茶汤中的茶黄素和茶红素之和与（　　）的比值可反映汤色的深浅，比值越小，汤色越深。

  A. 茶多酚   B. 儿茶素   C. 叶绿素   D. 茶褐素

61. 扬州大明寺水在《煎茶水记》中被刘伯刍评为第五泉，被陆羽评为（　　）。

  A. 第一泉   B. 第三泉   C. 第十二泉   D. 第二泉

62. （　　）也叫中泠泉、中零泉、中泠水、南零水，现位于江苏省镇江金山以西的石弹山下。

  A. 扬子江南零水   B. 惠泉

  C. 金山泉   D. 镇江泉

63. 符合（　　）的茶，经过科学的制作方法制作出来的茶才是对健康有益的。

  A. 省市级茶叶安全标准   B. 行业茶叶安全标准

  C. 企业茶叶安全标准   D. 国家茶叶安全标准

64. 茶树的优质产地是指适合茶树生长的产地，无污染、（　　）是优质产地的必备条件。

  A. 无树木遮挡   B. 无公害   C. 无雨水   D. 无阳光

65. 传统制茶工艺的优点是（　　），每个制茶工的习惯、爱好都会在茶里有所体现，缺点是品质不稳定。

  A. 干净   B. 个性   C. 快   D. 慢工出细活

66. 介绍（　　）的香味经常用"豆花香、蚕豆香"。

  A. 龙井茶   B. 碧螺春

  C. 绿杨春   D. 通天香单丛

67. 粗老茶中的（　　）含量较高，长期过量饮用粗老茶易引起机体慢性中毒。
  A. 氟   B. 铅   C. 铜   D. 铁

68. 黑茶中保留的（　　）物质较少，所以苦涩味较轻。
  A. 多酚类   B. 茶氨酸   C. 叶绿素   D. 果酸

69. 茶点与一般点心相比有很多独特之处。茶点首先要能带给人（　　），外形、颜色、大小等要给人以适度的美感。
  A. 心理上的满足   B. 视觉上的享受
  C. 营养价值   D. 经济价值

70. 宋代径山禅寺常以本寺所产名茶待客，久而久之，便形成一套以茶待客的礼仪，后人称之为（　　）。
  A. 茶席   B. 茶仪   C. 茶礼   D. 茶宴

71. 南宋时，日本（　　）禅师抵中国浙江余杭径山寺取经，学习该寺院的茶宴程序，将中国茶道内涵引进日本，成为中国茶道在日本的最早传播者之一。
  A. 南浦昭明   B. 荣西   C. 智积   D. 空海

72. 历史上用来配茶的菜品有荤有素，但总的来说，（　　）。
  A. 以荤为主   B. 以素为主
  C. 只用荤菜   D. 只用素菜

73. 台湾乌龙中的（　　）发酵度较高，接近红茶风味，适宜搭配些酸甜带果味的点心如果脯、蜜饯之类，也可搭配奶油味的点心。
  A. 杉林溪乌龙   B. 阿里山乌龙
  C. 冻顶乌龙   D. 东方美人

74. 泡绿茶时，主要是通过咖啡因来形成气味的，咖啡因在绿茶中的含量为（　　）。
  A. 0.5%~1%   B. 6%~8%   C. 10%~12%   D. 2%~5%

75. 因白茶未经（　　），酶与多酚类化合物未能充分接触，氧的供应量也少，其次级氧化进行得缓慢而轻微，致使白茶汤色与滋味浅淡，不如其他茶浓烈。
  A. 摊晾   B. 杀青   C. 揉捻   D. 发酵

76. 福建、广东潮汕一带，人们习惯小杯品啜乌龙茶，喜欢选用（　　）茶具。
  A. 小酒杯   B. 白瓷杯   C. 盖碗   D. 烹茶四宝

77. 不提倡老年人晚上饮茶的原因是（　　）。
  A. 老人肠胃弱，晚上饮茶影响消化
  B. 老人本来睡眠就少，饮茶提神又容易起夜，难以安睡
  C. 老人心事多，晚上饮茶更容易想事情
  D. 老人胃口好，饮茶以后肚子饿吃东西会影响睡眠

78. 人在空腹时血糖较低，如果此时饮茶，特别是饮浓茶，会出现（　　）的情况。
  A. 过度兴奋   B. 茶饱   C. 茶醉   D. 茶饿

79. 茶树树种有野生种、群体种和良种等概念，也按照（　　）分为有性系与无性系两大类。

　　A. 加工方法　　　　B. 储存方法　　　　C. 营销方法　　　　D. 繁殖方法

80. 考虑社交因素，应该为普通客户推荐一些品质较好且（　　）的茶，这样人们在一起饮茶时，不至于因为对茶叶陌生而尴尬。

　　A. 市场认知度较高　　　　　　　　　B. 市场认知度较低

　　C. 高价　　　　　　　　　　　　　　D. 性价比高

二、判断题（每题1分，共20分）

81.（　　）茶艺师上岗前要做好仪容、仪表的自我检查，做到仪表整洁，仪容端正。

82.（　　）茶艺师服务时要为顾客着想，必要时可以替顾客做主。

83.（　　）顾客对话过程中，茶艺师不要随意打断对方的说话，也不要任意插话作辩解。

84.（　　）为体现茶道的平等理念，对普通顾客与VIP顾客应该同一规格招待。

85.（　　）北宋审安老人的《茶具图赞》，以传统的白描手法记录了宋代点茶的十二种主要器具。

86.（　　）茶具是茶馆中最常见的器物，在摆放时有两种类型：一是陈列型；二是收纳型。

87.（　　）青色茶具适宜搭配红茶，会使茶汤看起来嫩绿清新。

88.（　　）茶叶也是食品，食品都有保质期，所以要尽可能把先到的茶叶冷藏，后到的茶叶优先上架。

89.（　　）永久硬水经煮沸后不能去除其中的矿物质。

90.（　　）因为纯净水净度好、透明度高，沏茶的茶汤晶莹透澈，无异杂味。

91.（　　）《走笔谢孟谏议寄新茶》是皎然的作品。

92.（　　）光线能促进茶叶中的色素和脂类物质的氧化，叶绿素受光的照射不会褪色。

93.（　　）不发酵的绿茶一般不耐储存，发酵程度越重，其耐储存性越好。

94.（　　）当茶叶中的含水量超过8%时就容易发霉失去饮用价值。

95.（　　）常用的除氧剂主要有两类：一是无机的活性铁、活性炭类；另外一类是无机物，如复合碳水化合物。

96.（　　）太平猴魁的核心产区猴坑的地形像一把圈椅，没有北风的袭扰，符合阳崖阴林的生长条件。

97.（　　）洞庭碧螺春产区是我国著名的茶、果间作区。

98.（　　）陈鸣远、时朋、董翰、赵梁是明万历时期紫砂四名家。

99.（　　）旅游区的茶艺馆多通过有民俗意味的茶艺表演来推销本地茶叶。

100.（　　）甜白釉又称"中国白"，素有"白如凝脂，素犹积雪"之誉。

茶艺师（四级）理论知识模拟试卷答案

一、单项选择题

1~5	B C B B B	6~10	C A C A D
11~15	C B A A B	16~20	A D A B D
21~25	D D C D B	26~30	C C D A D
31~35	C A A A A	36~40	A A B C A
41~45	A C D A C	46~50	B B A D D
51~55	A A C D D	56~60	C B C A D
61~65	C A D B B	66~70	A A A B D
71~75	A A D D C	76~80	D B C D A

二、判断题

| 81~85 | √ × √ × × | 86~90 | √ × × √ √ |
| 91~95 | × × √ × √ | 96~100 | √ √ × √ √ |

茶艺师（三级）理论知识模拟试卷

注 意 事 项

1. 本试卷依据《国家职业技能标准 茶艺师》（2018年版）命制。
2. 请在试卷标封处填写姓名、准考证号和所在单位的名称。
3. 请仔细阅读答题要求，在规定位置（或答题卡）填写答案。
4. 考试时间：90分钟。

	一	二	三	总 分
得 分				

一、单项选择题（每题1分，共60分）

1. 钻研业务、精益求精具体体现在茶艺师不但要主动、热情、耐心、周到地接待品茶顾客，而且必须（　　）。

A. 熟练掌握不同茶品的沏泡方法　　　　B. 专门掌握本地茶品的沏泡方法
C. 专门掌握茶艺表演方法　　　　　　　D. 掌握保健茶或药用茶的沏泡方法

2. 我国历史上唯一由皇帝撰写的茶书是（　　）。
   A.《神农本草》　　B.《大观茶论》　　C.《周易》　　D.《荈赋》

3. 宋代（　　）的产地是当时的福建建安。
   A. 龙井茶　　　　B. 武夷茶　　　　C. 蜡面茶　　　　D. 北苑贡茶

4. 茶树性喜温暖、湿润，在南纬 45 度与北纬（　　）间都可以种植。
   A. 38 度　　　　B. 40 度　　　　C. 45 度　　　　D. 48 度

5. 六大基本茶类根据加工中的发酵程度区分，其中黄茶是（　　）的。
   A. 大部分发酵　　　　　　　　　　B. 重发酵
   C. 后发酵　　　　　　　　　　　　D. 轻微发酵

6. 红茶、绿茶、乌龙茶的香气主要特点是（　　）。
   A. 红茶清香，绿茶甜香，乌龙茶浓香
   B. 红茶甜香，绿茶花香，乌龙茶熟香
   C. 红茶浓香，绿茶清香，乌龙茶甜香
   D. 红茶甜香，绿茶板栗香，乌龙茶花香

7. （　　）茶具是和其他食物公用木制或陶制的碗，一器多用，没有专用茶具。
   A. 原始社会　　　　　　　　　　　B. 西汉时期
   C. 三国时期　　　　　　　　　　　D. 战国时期

8. 下列水中属于软水的是（　　）。
   A. Cu^{2+}、Al^{3+} 的含量小于 8 毫克/升　　B. Fe^{2+}、Fe^{3+} 的含量小于 8 毫克/升
   C. Zn^{2+}、Mn^{4+} 的含量小于 8 毫克/升　　D. Ca^{2+}、Mg^{2+} 的含量小于 8 毫克/升

9. 80℃水温比较适宜冲泡（　　）。
   A. 白茶　　　　B. 花茶　　　　C. 沱茶　　　　D. 绿茶

10. 在冲泡茶的基本程序中煮水的环节讲究（　　）。
    A. 不同茶叶品种所需水温不同　　　B. 不同茶叶外形煮水温度不同
    C. 根据不同茶具选择不同煮水器皿　D. 不同茶叶品种所需时间不同

11. 产于广西的六堡茶呈现的滋味是（　　）。
    A. 醇和　　　　B. 浓厚　　　　C. 鲜醇　　　　D. 平和

12. 胡萝卜素呈现黄色，能吸收（　　），被氧化后会产生新的物质，有较明显的异味，茶汤也会受到影响。
    A. 氧气　　　　B. 异味　　　　C. 水分　　　　D. 光能

13. 英国人泡茶用水颇为讲究，必须用（　　）。
    A. 生水现烧　　　　　　　　　　　B. 开水凉凉后冲泡
    C. 冰水冲泡　　　　　　　　　　　D. 刚沸的水冲泡

14. 在接待马来西亚客人时，不宜使用（　　）茶具。

A. 黄色　　　　　　B. 红色　　　　　　C. 橙色　　　　　　D. 紫色

15. 在接待德国客人时，不要向其推荐（　　）茶点。

　　A. 花生　　　　　　B. 开心果　　　　　C. 李干　　　　　　D. 核桃

16. 以下茶叶中不属于卷曲形茶的有（　　）。

　　A. 甘露翠螺　　　　B. 雨花茶　　　　　C. 碧螺春　　　　　D. 临海蟠毫

17. 茶艺师在接待外宾的服务中应（　　）。

　　A. 因人而异、看客施礼

　　B. 以"来者都是客"的真诚态度对待

　　C. 细心观察顾客的服饰，以不同态度对待

　　D. 根据顾客国籍的不同采取不同的服务态度

18. "我能为您效劳吗？"的汉译英是（　　）。

　　A. Can you help me？　　　　　　　　B. May I helped you？

　　C. May I help you？　　　　　　　　 D. May I helps you？

19. "请坐这边好吗？"用英语最妥当的表述是（　　）。

　　A. Would you mind sit down here？　　B. Sitting here，please.

　　C. Would you mind sitting down here？　D. Would you sit down here？

20. 明确记载茶艺服饰的书出现在茶艺形成的（　　）。

　　A. 宋代　　　　　　B. 唐代　　　　　　C. 明代　　　　　　D. 清代

21. （　　）时期，很多华人移居海外，他们的居住地被称为"唐人街"。

　　A. 清朝　　　　　　B. 晚清　　　　　　C. 唐朝　　　　　　D. 晚唐

22. （　　）是茶事活动中专门使用的服饰。

　　A. 茶艺服饰　　　　B. 泡茶服饰　　　　C. 表演服饰　　　　D. 茶道服饰

23. 茶艺师在春节期间接待港、澳、台的顾客时，注意不能说（　　）。

　　A. 万事如意　　　　　　　　　　　　　B. 恭喜发财

　　C. 祝贺新年　　　　　　　　　　　　　D. 新年快乐

24. 江苏苏州市吴中区的洞庭山是（　　）的产地。

　　A. 雨花茶　　　　　B. 碧螺春　　　　　C. 君山银针　　　　D. 金山翠芽

25. 特一级黄山毛峰的色泽是（　　）。

　　A. 碧绿色　　　　　B. 灰绿色　　　　　C. 青绿色　　　　　D. 象牙色

26. 君山银针属于（　　）类。

　　A. 绿茶　　　　　　B. 黑茶　　　　　　C. 黄茶　　　　　　D. 花茶

27. 明代号称制壶"四名家"是（　　）。

　　A. 鸣远、曼生、元锡、供春　　　　　　B. 鸣远、曼生、董翰、赵梁

　　C. 董翰、赵梁、元锡、时朋　　　　　　D. 董翰、赵梁、元锡、供春

28. 南疆的维吾尔族喜欢用（　　）的长颈茶壶烹煮清茶。

　　A. 铁制　　　　　　B. 铜制　　　　　　C. 银制　　　　　　D. 木制

29. （　　）盛装奶茶的高筒茶壶称"温都鲁"，一般用桦木制成，圆锥形，壶身有四五道金属箍，箍上刻有各色花纹。

　　A. 傣族　　　　　　B. 布朗族　　　　　　C. 蒙古族　　　　　　D. 藏族

30. 潮汕工夫茶必备的"四宝"中的"若琛杯"指精细的（　　）。

　　A. 紫砂小品茗杯　　　　　　　　　　B. 白色小瓷杯

　　C. 青色小瓷杯　　　　　　　　　　　D. 黑釉小瓷杯

31. 潮汕工夫茶茶艺中"干壶置茶"是指（　　）。

　　A. 用沸水烫热茶壶　　　　　　　　　B. 将茶叶放进干热的茶壶中

　　C. 用火将茶叶烤干　　　　　　　　　D. 用沸水淋浇茶壶外壁

32. 潮汕工夫茶茶艺通过（　　）使茶叶在壶内旋转，有利于滋味的迅速溢出。

　　A. 低冲水　　　　　　　　　　　　　B. 高冲水

　　C. 回旋冲水　　　　　　　　　　　　D. 冲水7~8分满

33. "未尝甘露味，先闻圣妙香"是指（　　）程序。

　　A. 备器　　　　　　B. 烘茶　　　　　　C. 品茶　　　　　　D. 冲茶

34. 茶艺演示中泡茶时将茶汤倒在壶外壁，日久后茶壶的色泽会变得（　　）。

　　A. 暗淡无光　　　　　　　　　　　　B. 粗糙发黄

　　C. 古雅厚润　　　　　　　　　　　　D. 暗淡发黑

35. 茶艺演示中"温润泡"目的是（　　）。

　　A. 抑制香气的溢出　　　　　　　　　B. 利于香气和滋味的发挥

　　C. 减少内含物的溶出　　　　　　　　D. 保持茶壶的色泽

36. 擂茶主要流行于我国南方（　　）聚居区。

　　A. 客家人　　　　　B. 白族　　　　　　C. 畲族　　　　　　D. 黎族

37. 姜盐豆子茶如单以（　　）加茶叶冲泡，称为"豆子茶"。

　　A. 青豆　　　　　　B. 豌豆　　　　　　C. 黄豆　　　　　　D. 红豆

38. 冰红茶的原料茶，常用的以红碎茶为主，主要目的是便于（　　）。

　　A. 茶汁快速浸出　　　　　　　　　　B. 保持温度

　　C. 提高茶汤浓度　　　　　　　　　　D. 饮用

39. 明代张大复在（　　）中说："茶性必发于水，八分之茶，遇十分之水，茶亦十分矣；八分之水，试十分之茶，茶只八分耳。"

　　A. 《荈赋》　　　　　　　　　　　　B. 《煎茶水记》

　　C. 《梅茶草堂笔谈》　　　　　　　　D. 《茶寮记》

40. 西晋（　　）的《荈赋》中说："器择陶简，出自东隅。"

　　A. 杜甫　　　　　　B. 杜育　　　　　　C. 陆羽　　　　　　D. 审安

41. （　　）不属于常见茶艺服饰的选择范畴。

　　A. 旗袍　　　　　　B. 仿古　　　　　　C. 道袍　　　　　　D. 茶服

42. 茶艺活动是一个起、承、转、（　　）的过程。

  A. 启   B. 齐   C. 同   D. 合

43. 冲泡调饮红茶的水温以（　　）为宜。
  A. 25℃   B. 60℃   C. 70℃   D. 90℃

44. 冲泡调饮红茶的时间一般以（　　）分钟为宜。
  A. 15~20   B. 10~15   C. 5~10   D. 3~5

45. 调饮茶奉茶时可在每杯茶边放一个茶匙，用来（　　）。
  A. 观看汤色   B. 调匀茶汤
  C. 添加调味品   D. 打捞茶渣

46. 品尝青豆茶，可以靠（　　）使茶叶和配料移到碗边而食用，别有一番情趣。
  A. 茶箸   B. 茶匙
  C. 倒置茶碗   D. 敲打碗边和碗口

47. 历代文人雅士在品茶时讲究环境静雅、茶具之清雅，更讲究饮茶艺境，以（　　）为目的，更注重同饮之人。
  A. 斗茶   B. 赏茶具
  C. 怡情养性   D. 社交活动

48. 禅师茶艺中"以茶禅定"的禅宗文化思想的倡导者是（　　）。
  A. 皮日休   B. 赵佶
  C. 荣西禅师   D. 泰山降魔师

49. （　　）倡导"以茶悟道"。
  A. 荣西禅师   B. 隐元禅师
  C. 皎然   D. 赵州从谂禅师

50. 宗教茶艺的特点为气氛庄严肃穆，礼仪特殊，茶具古朴典雅，以（　　）为宗旨。
  A. 以茶会友   B. 提高茶艺
  C. 天人合一、茶禅一味   D. 增加信徒、香火

51. 从心理学基本知识来看，茶艺师与顾客的交流特点是（　　）和言语交往。
  A. 直接交往   B. 间接交往
  C. 接待   D. 服务

52. 下列对顾客接待概念的描述中，（　　）是不全面的。
  A. 顾客接待是一门精深的接待服务与销售融为一体的艺术
  B. 顾客接待是指茶艺师代表所在单位，向服务对象提供服务、出售商品的过程
  C. 顾客接待是指对顾客进行茶艺表演过程中的服务
  D. 顾客接待是指从迎宾到送客过程中的接待服务

53. 在茶庄实行柜台服务的场所，当有三位茶艺师时应（　　）。
  A. 一起站在柜台的中间
  B. 间距相同地站成一条直线
  C. 一人站着待客，其他两人可以坐下休息

D. 站立在柜台两侧的位置

54. （　　）时，茶艺师不宜主动接近顾客。
    A. 顾客在寻找商品　　　　　　　　　B. 顾客驻足仔细观察商品
    C. 顾客示意要离开　　　　　　　　　D. 顾客与茶艺员目光相对

55. 在商品服务介绍时，茶艺师应善于观察顾客心理，着重做到（　　）、培养顾客的兴趣、增强顾客的购买欲，争取达成交易。
    A. 热情　　　　　　　　　　　　　　B. 主动
    C. 礼貌　　　　　　　　　　　　　　D. 引起顾客的注意

56. 下列不是茶艺师为顾客推介商品重点的是（　　）。
    A. 要建立起彼此信赖的关系
    B. 要使顾客自然而然地决断
    C. 要与顾客建立和谐的关系
    D. 要根据顾客的需要夸大介绍商品的性能

57. 将旅游与茶乡民俗风情结合，借助旅游来宣传、发展（　　），会取得更好的经济效益和社会效益。
    A. 文化遗产　　　　　　　　　　　　B. 品茶时尚
    C. 制茶工艺　　　　　　　　　　　　D. 少数民族茶文化

58. 茶因其（　　），在旅途中多饮能调节旅游者的身心健康。
    A. 生长地区多为高海拔　　　　　　　B. 茶俗风情的特色
    C. 可融入文化娱乐活动中　　　　　　D. 多消油脂的药用

59. 展销会的（　　）明确，才能确定展销会的传播方式、沟通方式和接待形式，有针对性地收集各种参展资料，把所有产品做有机地排列、组合。
    A. 参展产品　　B. 规模　　C. 主题　　D. 冠名

60. 指定（　　）是展览会会务准备工作之一。
    A. 赞助单位　　　　　　　　　　　　B. 主办单位
    C. 协办单位　　　　　　　　　　　　D. 展览主编

二、多项选择题（每题1分，多选少选或选错不得分，共20分）

61. 茶艺服务中与品茶顾客交流时要（　　）。
    A. 快速问答　　　　B. 严肃认真　　　　C. 简单明了
    D. 语气平和　　　　E. 热情友好

62. 唐代煎茶的技艺中煎制饼茶前须经（　　）等工序。
    A. 炙　　　B. 碾　　　C. 煮　　　D. 罗　　　E. 捶

63. 茶树适宜在（　　）的微酸性土壤中生长，以酸碱度pH在4.5~5.5为最佳。
    A. 土质疏松　　　　B. 砂石结构　　　　C. 土壤紧结
    D. 排水良好　　　　E. 水稻田

64. 绿茶茶艺"水漫金山"演示了芽型绿茶金山翠芽的冲泡过程，分为焚香静气、活煮甘泉、凤凰点头、（   ）、敬奉香茗、重酌醇香、谢茶收具等步骤。
    A. 流云拂月　　　　　　B. 佳茗酬宾　　　　　　C. 佳茗入宫
    D. 温润灵芽　　　　　　E. 雨后春笋

65. 茶叶中的咖啡因具有（   ）作用。
    A. 兴奋　　　　　　　　B. 利尿　　　　　　　　C. 强心
    D. 抗氧化　　　　　　　E. 消浮肿

66. 在以下有关权益的表述中，属于劳动者权利的是（   ）。
    A. 享有平等就业和选择职业的权利　　B. 取得劳动报酬的权利
    C. 休息休假的权利　　　　　　　　　D. 要求被录用的权利
    E. 人民代表选举权

67. 《劳动法》规定，有下列情形之一的，用人单位应当按照下列标准支付高于劳动者正常工作时间工资的工资报酬：（   ）的工资报酬。
    A. 安排劳动者延长工作时间的，支付不低于工资的150%
    B. 休息日安排劳动者工作又不能安排补休的，支付不低于工资的200%
    C. 安排劳动者延长工作时间的，支付不低于工资的100%
    D. 法定休假日安排劳动者工作的，支付不低于工资的300%
    E. 休息日安排劳动者工作又不能安排补休的，支付不低于工资的150%

68. 西湖龙井的产地包括（   ）等。
    A. 狮峰　　　　　　　　B. 龙井　　　　　　　　C. 云栖
    D. 梅家坞　　　　　　　E. 虎跑

69. 具有代表性的闽南乌龙茶有（   ）等。
    A. 铁观音　　　　　　　B. 黄金桂　　　　　　　C. 本山
    D. 白鸡冠　　　　　　　E. 毛蟹

70. 陈鸣远擅长制作瓜果壶，传世款式有（   ）等。
    A. 梅干壶　　　　　　　B. 梨皮方壶　　　　　　C. 南瓜壶
    D. 提梁壶　　　　　　　E. 僧帽壶

71. 根据地区的不同，擂茶可分为（   ）等。
    A. 桃江擂茶　　　　　　B. 桃花源擂茶　　　　　C. 安化擂茶
    D. 临川擂茶　　　　　　E. 将乐擂茶

72. 罐罐茶可分为（   ）。
    A. 面罐茶　　　　　　　B. 酥油茶　　　　　　　C. 五福茶
    D. 油炒茶　　　　　　　E. 八宝茶

73. 油炒茶是将茶罐先烤热，加入（   ）翻炒后，放入细嫩茶叶，炒至茶香溢出，加水煮沸。
    A. 茶油　　　　　　　　B. 酥油　　　　　　　　C. 白面

D. 盐　　　　　　　　　E. 桂花

74. 冰茶品饮时，男性多采用单手握柄持杯，程序是（　　）。
   A. 先闻香　　　　　　B. 再观色　　　　　　C. 再互敬
   D. 后啜饮　　　　　　E. 回味再三

75. 配料茶主要是在茶中添加各种（　　）及可食用中草药。
   A. 干果　　　　　　　B. 盐　　　　　　　　C. 鲜果
   D. 酥油　　　　　　　E. 奶酪

76. 唐代宫廷茶艺通过（　　）等礼仪活动时的饮茶活动来表现。
   A. 皇室的日常起居生活　　　　　　　　B. 皇帝款待群臣
   C. 每日早朝　　　　　　　　　　　　　D. 清明节敬神祭祖
   E. 喜庆宴

77. 明代文人茶艺的代表人物有（　　）。
   A. 文徵明　　　　　　B. 李渔　　　　　　　C. 周高起
   D. 朱权　　　　　　　E. 唐伯虎

78. 文人茶艺活动的主要内容有（　　）。
   A. 诗词歌赋　　　　　B. 琴棋书画　　　　　C. 清言对话
   D. 谈论朝政　　　　　E. 曲水流觞

79. 在产茶地区的风景旅游点，提倡建各种各样的茶艺馆，在茶艺馆开展高雅文化旅游活动如（　　）等。
   A. 茶文化竞赛　　　　B. 民族歌舞表演　　　C. 茶道表演
   D. 赋诗作画　　　　　E. 品茶评茶

80. 下列属于展览会经费开支项目的是（　　）。
   A. 展位出租费　　　　B. 赞助费　　　　　　C. 保险费
   D. 冠名费　　　　　　E. 场地租赁费

三、判断题（每题1分，共20分）

81. （　　）遵守职业道德的必要性和作用，体现在促进个人道德修养的提高方面，与促进行风建设无关。

82. （　　）宋代"豆子茶"的主要成分是玉米、小麦、葱、醋、茶。

83. （　　）青花瓷是在白瓷上缀以青色纹饰，清丽恬静，既典雅又丰富。

84. （　　）景瓷宜陶是宋代茶具的代表。

85. （　　）泡饮红茶一般将茶叶放在锅中熬煮。

86. （　　）泡饮乌龙茶宜用"一沸"的水冲泡。

87. （　　）不被污染的雨水和雪是比较纯净的，历来被用来煮茶，特别是雪水。

88. （　　）浅层井水看上去比较清澈，但因其较浅往往容易受到污染，所以并不适宜泡茶。

89. （ ）在冲泡茶的基本程序中，温壶（杯）的主要目的是提高茶具的温度。

90. （ ）清代梁章钜在《归田琐记》中指出"至茶品之四等"的从低到高等级的顺序是"香、清、甘、活"。

91. （ ）在味觉的感受中，舌头各部位的味蕾对不同滋味的感受不一样，舌尖易感受苦味。

92. （ ）在茶艺的接待服务中，遇到顾客提出无理要求时，茶艺师应尽可能通过耐心地解释，妥当地处理。

93. （ ）"请跟我来"用英语表述是"Follow me，please"。

94. （ ）武夷岩茶是闽北乌龙茶的代表。

95. （ ）冻顶乌龙茶的外形是半球形，色泽青绿，略带白毫。

96. （ ）茶艺师在工作岗位上要微笑服务、有声服务，其中有声服务就是指迎宾之声、介绍之声。

97. （ ）茶文化旅游的特点仅是集文化性、趣味性、休闲性为一体。

98. （ ）贸易性展销会的目的是宣传项目。

99. （ ）若不对展销会的目的和内容进行分析，会造成费用开支过大，得不偿失，或盲目上马起不到应有的作用。

100. （ ）展览会的预备金一般占总费用的 5%~10% 为宜。

茶艺师（三级）理论知识模拟试卷答案

一、单项选择题

1~5 A B D A D		6~10 D A D D A	
11~15 A D A A D		16~20 B B C C B	
21~25 B A D B D		26~30 C C B C B	
31~35 B B C C B		36~40 A C A C B	
41~45 C D D D B		46~50 A C D D C	
51~55 A C B C D		56~60 D D D C D	

二、多项选择题

61 DE	62 ABD	63 AD	64 ABCDE	65 ABCE
66 ABC	67 ABD	68 ABCDE	69 ABCE	70 ABC
71 ABCDE	72 AD	73 ACD	74 ABD	75 AC
76 BDE	77 ADE	78 ABC	79 ABCDE	80 CE

三、判断题

81~85 × × √ × ×	86~90 × √ √ √ √
91~95 × √ √ √ √	96~100 × × × √ √

茶艺师（二级）理论知识模拟试卷

注 意 事 项

1. 本试卷依据《国家职业技能标准　茶艺师》（2018 年版）命制。
2. 请在试卷标封处填写姓名、准考证号和所在单位的名称。
3. 请仔细阅读答题要求，在规定位置（或答题卡）填写答案。
4. 考试时间：90 分钟。

	一	二	三	总　分
得　分				

一、单项选择题（每题 1 分，共 50 分）

1. 茶艺技术除了（　　）外，在工作中用心总结也很重要。
   A. 在校专业知识学习　　　　　　B. 岗前的培训学习
   C. 提高学历　　　　　　　　　　D. 技能训练

2. 西汉时期，开始出现茶具雏形，（　　）的《僮约》中有"烹茶尽具"的要求。
   A. 陆羽　　　　B. 王褒　　　　C. 杜育　　　　D. 张又新

3. 东晋时期出现一杯一托的（　　），由此开始了中国茶具的杯托结构。
   A. 樽　　　　　B. 瓷耳杯　　　C. 茶壶　　　　D. 陶壶

4. 《茶具图赞》中，以白描手法记录了宋代点茶的十二种主要器具及其功用，称之为（　　）。
   A. 十二先生　　B. 十二器　　　C. 点茶器　　　D. 十二大家

5. 宋代点茶中水是放在汤瓶中煮的，所以发新就是（　　）。
   A. 开水　　　　B. 煮水　　　　C. 喝水　　　　D. 烧水

6. 明代顾元庆（　　）记载的茶具有 24 项。
   A.《阳羡茗壶》　　　　　　　　　B.《闲情偶记》
   C.《茶谱》　　　　　　　　　　　D.《茶笺·茶具》

7. 唐代茶盏通常直径为（　　）厘米，深度为 5 厘米左右。
   A. 5　　　　　B. 8　　　　　C. 12　　　　　D. 16

8. 宋代茶画中斗茶或点茶的场景通常会配上（　　）个茶碗。
   A. 4　　　　　B. 5　　　　　C. 6　　　　　D. 7

9. 张又新的《煎茶水记》收录了两份评水记录，一份是（　　）的，另一份是陆羽的。
   A. 刘伯刍　　　　B. 杜育　　　　C. 徐献忠　　　　D. 许次疏

10. 现代茶艺中要求将水烧透，是因为通过煮水可以将（　　）转化为软水。
    A. 软水　　　　　　　　　　　B. 硬水
    C. 暂时性软水　　　　　　　　D. 暂时性硬水

11. （　　）认为："凡春夏水长则减，秋冬水落则美。"
    A. 许次疏　　　　B. 张大复　　　C. 张又新　　　　D. 陆树生

12. 陆龟蒙的（　　）诗中写道：九秋风露越窑开，夺得千峰翠色来。好向中宵盛沆瀣，共嵇中散斗遗杯。
    A.《茶经》　　　　　　　　　　B.《茶具图赞》
    C.《荈赋》　　　　　　　　　　D.《秘色越器》

13. 品茶室可根据房屋结构和大小，设（　　）和散座。
    A. 棋牌室　　　　B. 餐厅　　　　C. 各种包厢　　　　D. 厅座

14. 茶席布置时器具搭配要合理，色彩应（　　），具有艺术感。
    A. 统一　　　　　B. 协调　　　　C. 多样　　　　　　D. 朴素

15. 茶席插花的形式一般有（　　）、倾斜式、悬挂式、和平卧式四种。
    A. 跳跃式　　　　B. 花朵式　　　C. 舒展式　　　　　D. 直立式

16. 茶艺馆选址应考虑的经营因素主要涉及客流量、经营环境和（　　）三个方面。
    A. 建筑结构　　　　　　　　　　B. 环保问题
    C. 人员结构　　　　　　　　　　D. 员工家庭距离

17. 在旅游风景区内开设茶艺馆可以使茶艺馆与（　　）有机结合，突显饮茶环境，增强饮茶的休闲性。
    A. 高层次人群　　　　　　　　　B. 高消费人群
    C. 自然美景　　　　　　　　　　D. 客流量

18. 在我国数以千计的清泉中，有一部分是与茶相关的名泉，如杭州的虎跑、龙井、玉泉，镇江的中泠泉，无锡的惠山泉等，其中惠山泉又称（　　）。
    A. 第一泉　　　　B. 第二泉　　　C. 第三泉　　　　　D. 第五泉

19. 茶馆的定位划分中，茶客光顾茶艺馆的目的不同，希望得到的服务也不同。有的是为了寻找雅趣，有的是为了谈生意，有的是为了叙旧，有的是为了娱乐，也有的是为了找地方进行小型聚会，这是从（　　）来划分的。
    A. 消费动机　　　B. 消费水平　　C. 消费层次　　　　D. 消费习惯

20. 茶艺馆的各种布置要满足客人们的拍照需要，要多角度能入画，用园林设计的要求来说就是（　　）。
    A. "步移景异"　　　　　　　　　B. "开门见山"
    C. "曲径通幽"　　　　　　　　　D. "柳暗花明"

21. （　　）在宋代的名称叫茗粥。

A. 散茶　　　　B. 团茶　　　　C. 末茶　　　　D. 擂茶

22. 从明太祖朱元璋起，向皇室进贡的主要为（　　）。

A. 沱茶　　　　B. 散茶　　　　C. 饼茶　　　　D. 方茶

23. 顺畅的（　　）流程能使茶艺馆的各项功能协调有序地运转，充满活力。

A. 操作　　　　B. 动线　　　　C. 茶艺　　　　D. 销售

24. 在宋代茶道中，文人茶艺采用的是宋代主要茶类——（　　），饮用方法是点茶法，茶道应用之器已较唐代为简。

A. 团饼茶　　　B. 末茶　　　　C. 抹茶　　　　D. 砖茶

25. 茶室内悬挂的中国画内容可以是人物、山水、花鸟，字画的悬挂通常采用（　　）和画框两种形式，茶艺馆内名人字画的悬挂大多兼用这两种形式。

A. 卷轴　　　　B. 装裱　　　　C. 夹持　　　　D. 陈列

26. 在日本，茶道成为修养、趣味、社会地位的象征。茶人（　　）提出"和、敬、清、寂"的茶道精神。

A. 永忠和尚　　B. 千利休　　　C. 村田珠光　　D. 一休宗纯

27. 宋代茶文化是在唐代茶文化的基础上发展起来的，由晚唐兴起并传到中原的（　　）成为宋代民间文娱活动的一个重要方向。

A. 佛教茶礼　　B. 斗茶之风　　C. 禅宗茶仪　　D. 儒教茶俗

28. 茶艺馆的空间设计要与其（　　）相匹配。

A. 周边环境　　　　　　　　　B. 消费水平
C. 总体设计风格　　　　　　　D. 地位高低

29. 英国饮茶已有（　　）多年历史，如今年人均饮茶量一直保持在4磅左右，是世界饮茶大国。

A. 100　　　　B. 200　　　　C. 400　　　　D. 800

30. 日本"薄茶"的享用也非常讲究礼数，正客拿入茶碗放在自己和次客之间，施礼示（　　）之意。接着拿到面前，向主人行礼，表示"承蒙赐茶"。

A. "恕我先用"　　　　　　　B. "在下有礼"
C. "致敬主人"　　　　　　　D. "赞美器具"

31. 英国人热爱饮（　　），不可一日无茶，饮茶的时间也有明确的规定，大致分为早茶、上午茶、下午茶和晚餐茶。

A. 绿茶　　　　B. 红茶　　　　C. 奶茶　　　　D. 花茶

32. 英国人饮茶若严格从时间上划分，还有一个英式晚餐茶，通常在（　　）。

A. 16点　　　　B. 20点　　　　C. 22点　　　　D. 18点

33. 据史籍记载，在韩三国时期，已经在（　　）中用到茶叶，并形成制度。

A. 婚礼　　　　B. 葬礼　　　　C. 祭祀　　　　D. 国宴

34. 以下对于绿茶的英文描述错误的是（　　）。

A. Green tea is mainly produced in the lower reach of Yangtze River.

B. Zhejiang province is one of the main production areas of green tea.

C. High quality green tea appears to be dark green.

D. The green tea is good for stomach.

35. "盖碗"的英文单词是（　　）。

　　A. cover-bowl cup　　　　　　　　　B. sip-cups

　　C. cups for smelling fragrant　　　　　D. even-handed infusion

36. "希望外国宾客等待一会"，你可以说（　　）

　　A. Would you please wait for a moment　　B. Would you please sign your name here

　　C. Would you please show me your VIP card　　D. Would you please speak more slowly

37. "個室がとれませんか"的意思是（　　）。

　　A. 请问这里有包厢吗　　　　　　　B. 请给我一个单独的座位

　　C. 可以给我一个单间吗　　　　　　D. 这是茶品的菜单

38. （　　）茶会中，内容可能会涉及儒、释、道多个方面，具体在进行的时候，有的茶会是可以说话交谈的，类似于一个专题的茶话会，有的是限制交谈的止语茶会，如著名的"无我茶会"。

　　A. 清谈修行　　　　　　　　　　　B. 艺术茶会

　　C. 纪念茶会　　　　　　　　　　　D. 国际茶文化交流茶会

39. 文人皇帝宋徽宗创作的（　　）记录了当时的宫廷茶会。

　　A.《文会图》　　B.《撵茶图》　　C.《宫乐图》　　D.《斗茶图》

40. 纪念茶会是为纪念某项重大事件而举行的茶会。纪念茶会常见的形式有朗读茶会、座谈茶会和（　　）。

　　A. 无我茶会　　B. 祭祀茶会　　C. 节气茶会　　D. 染梅茶会

41.《辞海》解释：茶会的释义之一是用茶点招待宾客的社会聚会，也叫（　　）。也就是说，以茶或茶艺为平台进行的聚会都可以称为茶会。

　　A. 雅集　　　　B. 座谈会　　　C. 茶话会　　　D. 品茶会

42. 在茶会的流程安排中，要将茶会的内容按节奏安排，通常（　　）环节要安排在前面。

　　A. 静态　　　　B. 动态　　　　C. 互动　　　　D. 营销

43. 茶艺馆的服务不仅要注重服务的技巧，也要注意服务人员在（　　）上给客人的感受。

　　A. 服务水平　　B. 服务流程　　C. 美感　　　　D. 细节

44. 在茶艺师培训中，如果培训对象已对茶艺知识有了一定程度的了解，就可根据个人实际情况进行（　　）、长时间的岗前培训。

　　A. 定期　　　　B. 不定期　　　C. 突击性　　　D. 启蒙性

45. 茶艺人员的培训原则包括（　　）。

　　A. 自觉性原则、主动性原则、独立性原则、理论联系实际原则

B. 服从性原则、主动性原则、独立性原则、理论联系实际原则

C. 自觉性原则、主动性原则、创新性原则、理论联系实际原则

D. 自觉性原则、主动性原则、独立原则、不断提升原则

46. 茶艺馆员工的培训是全员培训，其目的是达到全员素质的整体提高，所以在培训内容上要强调（　　），按实际需要教学的方针，核心是学习的内容与工作需要相结合。

  A. 创新性   B. 学和用相结合

  C. 适应市场   D. 主动热情

47. 从品质来说，茶艺馆所采购的茶叶并不是越贵越好，也不是品质越高越好，应根据茶艺馆的（　　）来选择茶叶的品质与价位。

  A. 档次 B. 品味 C. 顾客层次 D. 定位

48. 对于绿茶而言，温度每上升（　　），其干茶色泽和汤色的褐变速度就会加快3~5倍。

  A. 5℃ B. 10℃ C. 20℃ D. 30℃

49. 当茶叶含水量超过（　　）时，茶叶的色泽变褐变深，茶叶品质变劣。

  A. 2% B. 4% C. 6% D. 10%

50. 茶艺队人选应从（　　）出发，培养知识、能力、素质都突出的高技能人才。

  A. 自身的发展   B. 企业的要求

  C. 传播传统文化的任务   D. 社会的需求

二、多项选择题（每题2分，多选少选或选错不得分，共30分）

51. 茶艺师从业人员应时刻不忘自己的职责，不断（　　），使自己言行符合职业道德规范。

  A. 强化道德意识   B. 提高精神境界

  C. 提高道德修养   D. 做到理论联系实际

  E. 开展道德评价

52. 陆羽《茶经》里列举的茶器中，属于煎煮茶器的有风炉、（　　）、交床。

  A. 筥 B. 火筴 C. 鍑 D. 夹 E. 碾

53. 宋代流行点茶，对于茶汤泡沫的要求，宋人认为（　　）、灰白为下。

  A. 洁白为上   B. 纯白为上   C. 青白次之

  D. 黄白又次   E. 绿白又次

54. 古代（　　）制成的铫子因有金属味，煮出的开水被称为缠口汤。

  A. 金 B. 银 C. 铜 D. 铁 E. 锡

55. 建盏开辟了瓷器审美的另一种可能，直到晚唐以前，（　　）的瓷器都被认为是比较低档的茶具。

  A. 白色   B. 绿色   C. 青黑色

  D. 黄色   E. 天青色

56. 茶艺馆的内部布局，应根据不同的规模、市场定位、行业规范要求，进行合理规划

与功能分区，茶艺馆的内部主要划分为（　　）等几个部分。

  A. 饮茶区   B. 表演区   C. 工作区

  D. 水吧区   E. 配电房

57. 茶艺馆建设项目要注重规划设计。很多自行设计的茶艺馆存在（　　）等现象，形成一种无形的资源浪费，造成不必要的经济损失。

  A. 主观性   B. 短期性   C. 随意性

  D. 攀比性   E. 模仿性

58. 茶艺馆的布局分隔合理与否，直接体现着茶艺馆的品位档次与视觉效果，与此同时，还会对（　　）有一定的影响。

  A. 客流量   B. 经营   C. 管理

  D. 消耗量   E. 劳动强度

59. 经济及建筑业新结构、新材料、新技术的飞速发展，为现代茶艺馆的（　　）提供了前所未有的自由度。

  A. 建筑空间   B. 环境塑造   C. 环境服务

  D. 文化销售   E. 情感服务

60. 所谓"隔"，就是用（　　）等手段，在大空间中划出不同功能的活动区域。

  A. 柜   B. 台   C. 屏风

  D. 封闭式陈列   E. 绿化

61. 宋代，在皇宫和民间的共同发扬下，点茶成为宋代社会的一大风尚。宋代城市经济繁荣，茶艺向民间性、娱乐性发展。点茶是民间茶俗，（　　）是茶艺游戏。

  A. 分茶   B. 拼茶   C. 斗茶

  D. 调茶   E. 赠茶

62. 元明清时期饮茶除继承唐宋时期的煮茶、点茶法外，泡茶法终于成熟，泡茶法继承了宋代点茶法的清饮，不加佐料，包括（　　）等几种形式。

  A. 盏泡   B. 壶泡   C. 工夫茶（小壶泡）

  D. 碗泡   E. 撮泡（杯、盏泡）

63. 茶艺馆的服务类型包括（　　），这是服务的两个方面。

  A. 技术类型   B. 来有迎声   C. 微笑送客

  D. 热情待客   E. 情感类型

64. 效果评估中的目标评估，是通过回访参加茶会的人员来判断目标的达成度，具体的方法有（　　）。采用哪种方式要看茶会的组织者与参加者的熟悉程度。

  A. 访谈式   B. 上门调查   C. 问卷调查

  D. 电话调查   E. 约谈调查

65. 韩国茶礼有（　　），此外在一些重要的家庭祭祀、人生大事中也会用到茶礼。

  A. 佛茶礼   B. 道家茶礼   C. 明治茶礼

  D. 首尔茶礼   E. 高丽五行献茶礼

三、判断题（每题1分，共20分）

66.（　　）耀州窑始于宋代，当时烧制黑瓷、青瓷、白瓷等瓷器，明代青瓷得到较大发展，北宋末为鼎盛期。

67.（　　）清康熙帝嫌紫砂外表太素，又在外面施了一层珐琅釉，以显雍容华贵。

68.（　　）苏廙在《十六汤品》中就煮水的容器列了四种水质。

69.（　　）陆羽所说的对水质的要求基本上是从水质与茶相宜的角度出发的。

70.（　　）交通大道适合一些字号较老的、无形资产较大的客商进入，刚刚入门的客商最好不要盲目开立。

71.（　　）随着市场竞争的白热化，反复、高声地说自己的茶艺馆服务、茶叶如何好已经行不通了，更重要的是喊出与竞争对手不同的口号，以差异化让消费者认为你"与众不同"。

72.（　　）适当的分隔还可满足部分客人不想被打扰的心理，这就是所谓的"园必隔"。

73.（　　）"佳茗须有好水匹配，方能相得益彰"，镇江的中冷泉被评为"天下第一泉"，泡茶极佳。

74.（　　）社交、赏景是茶艺馆的永恒主题。景色可以是人文景观，也可以是自然景观；可以是静态景观，也可以是动态景观；或静中有动，动中有静。

75.（　　）"The character of Baihaoyinzhen's leaves are straight like needles and white like silver"翻译成中文的意思是"白毫银针的特点是挺直如针，色白如银"。

76.（　　）"お酒の代わりにお茶で敬意を示します"翻译成中文意思是"以茶代酒略表敬意"。

77.（　　）英式下午茶点心的食用顺序一般是从下到上，滋味由重至淡。

78.（　　）历史上韩国产茶地极少，从中国及日本进口也不方便，无法满足国内需要，于是在大部分韩国家庭的茶礼上往往以汤代茶。

79.（　　）雅集的主题可以是柴米油盐酱醋茶的任一主题，茶会的目的是交流相关的才艺及心得体会，以艺会友。

80.（　　）以相对专业的雅文化为核心策划的茶会，雅集的艺能是中国古典的，国外的艺术不适合雅集茶会。

81.（　　）茶艺馆的每一个岗位都有其服务方法与标准，不同风格、不同地区的茶艺馆，服务的方法与标准都不一样，甚至可能有相当大的差别。

82.（　　）茶艺服务人员（茶艺师）培训计划的实施包括岗前培训和持证上岗后的集中培训两个步骤。

83.（　　）如何为顾客泡茶，让顾客在茶艺过程中体验宁静、舒适与休闲都是技术性的问题。

84.（　　）茶会串场词的风格可以是趣味性的，在商务性茶会上比较适合。

85.（　　）对于茶艺馆来说，美观有两个层面：一是整体的美观；二是细节的美观。

茶艺师（二级）理论知识模拟试卷答案

一、单项选择题

1~5	B	B	B	A	B	6~10	C	C	D	A	D
11~15	A	D	C	B	D	16~20	A	C	B	A	A
21~25	D	B	B	A	A	26~30	C	B	C	C	A
31~35	B	D	C	D	A	36~40	A	C	A	A	B
41~45	C	A	D	B	A	46~50	B	D	B	D	B

二、多项选择题

51 ACE	52 ABC	53 BCDE	54 CDE	55 BC	56 ABC
57 ABCE	58 BC	59 AB	60 ABCE	61 AC	62 BCE
63 AE	64 ACD	65 AE			

三、判断题

66~70	×	√	√	×	√	71~75	√	√	√	×	√
76~80	√	×	×	×	×	81~85	√	√	×	×	√

茶艺师（一级）理论知识模拟试卷

注 意 事 项

1. 本试卷依据《国家职业技能标准 茶艺师》（2018 年版）命制。
2. 请在试卷标封处填写姓名、准考证号和所在单位的名称。
3. 请仔细阅读答题要求，在规定位置（或答题卡）填写答案。
4. 考试时间：90 分钟。

	一	二	三	总 分
得 分				

一、单项选择题（每题 1 分，共 50 分）

1. 职业道德既是对从业者在职业活动中的（　　），又是一个行业对社会所承担的道德责任和义务。

  A. 行为准则 B. 行为要求 C. 行为规范 D. 行为约束

2. 茶艺师在面对消费者时，需要用心（ ），在职责范围内尽力满足消费者需求。

  A. 泡好茶   B. 倾听消费者需求

  C. 服务好消费者   D. 引导消费者消费

3. 《茶经》中的"交床"是指镬中水烧沸后，可端下来放在上面，明代人称为（ ）。

  A. 静水 B. 静汤 C. 候汤 D. 静沸

4. 陆羽从饮茶审美的角度，认为（ ）有助于茶色呈现，越瓷优于青瓷。

  A. 青白色 B. 绿色 C. 白色 D. 青色

5. 法门寺地宫出土了一件琉璃茶盏托，加上（ ）何家村地窖出土的金茶盏，为我们展现了绚丽的大唐文化。

  A. 陕西 B. 山西 C. 山东 D. 甘肃

6. 审安老人的十二茶器称为"十二先生"，其中的茶臼，号隔竹居人，其雅号来自（ ）的诗"山童隔竹敲茶臼"。

  A. 欧阳修 B. 柳宗元 C. 苏轼 D. 韩愈

7. 明洪武（ ），明太祖朱元璋下令：罢造龙团，唯采芽茶以进。

  A. 二十二年 B. 二十三年 C. 二十四年 D. 二十五年

8. 明末（ ）《遵生八笺·茶器》中所记载茶器具共有二十三式。

  A. 顾元庆 B. 屠隆 C. 高濂 D. 文震亨

9. 由五代入宋的陶毂在《清异录》中说："富贵汤当以（ ）煮之。"

  A. 金铫 B. 银铫 C. 铜铫 D. 石铫

10. 晋代对水质的要求主要是一个字：（ ）。

  A. 清 B. 净 C. 甜 D. 活

11. 《煎茶水记》记录了唐代人对水质的一种认识，为研究（ ）的发展提供了最初的资料。

  A. 中国茶艺   B. 日本茶道择水理论

  C. 中国茶艺择水理论   D. 韩国茶艺择水理论

12. 宋徽宗在《大观茶论》里说："凡用汤以鱼目，蟹眼连绎迸跃为度，（ ），则以少新水投之，就火顷刻而后用。"

  A. 过嫩 B. 水嫩 C. 水老 D. 过老

13. 古人把火势太猛又不禁烧的燃料称为（ ）。

  A. 木炭 B. 木柴 C. 暴炭 D. 竹炭

14. 陶器瓦器在初次使用时容易有（ ）的气味。

  A. 土 B. 火 C. 烟 D. 灰尘

15. 纯茶汁是茶叶经预处理、浸提、澄清等工序处理后制成的具有（ ）的制品。

  A. 原茶汤风味 B. 产品特性 C. 独特风味 D. 保健风味

16. 茶饮的创新是在（　　）的基础上进行的。
    A. 现代茶饮　　　　B. 传统茶饮　　　　C. 古代茶饮　　　　D. 多元化

17. 台湾流行轻发酵的乌龙茶，台湾茶人将（　　）单独作为一道程序。
    A. 烹茶　　　　　　B. 闻香　　　　　　C. 品茶　　　　　　D. 观汤

18. 根据（　　）的品质特征，常用无盖的茶杯茶碗冲泡，无盖以免将茶叶闷黄，也便于闻香。
    A. 名优红茶　　　　B. 名优黄茶　　　　C. 名优白茶　　　　D. 名优绿茶

19. 内质审评又叫（　　），包括评定香气、滋味、汤色、叶底四个方面。
    A. 干评　　　　　　B. 湿评　　　　　　C. 干湿看　　　　　D. 湿看

20. 我国各地的饮茶方法（　　）。
    A. 大致相同　　　　B. 各有不同　　　　C. 千奇百怪　　　　D. 完全一样

21. （　　）主要用来冲泡碧螺春、无锡毫茶等茶叶。
    A. 工夫泡　　　　　B. 上投法　　　　　C. 中投法　　　　　D. 下投法

22. 茶汤中加入水、甜味剂、酸味剂、香精或其他添加剂等调剂加工而成的饮品，称为（　　）。
    A 成品茶　　　　　B. 调饮茶　　　　　C. 速溶茶　　　　　D. 茶饮料

23. 鉴别茶叶质量的优次和等级高低，需要具备一定的（　　）。
    A. 合理性　　　　　B. 独特性　　　　　C. 专业性　　　　　D. 复杂性

24. 等级高、质量好的工夫红茶外形（　　），露毫有锋苗，干茶色泽乌黑油润或棕褐油润。
    A. 肥硕壮结　　　　B. 细紧壮结　　　　C. 较紧结　　　　　D. 较松散

25. 品质差、级别低的红茶外形紧实或壮实，冲泡后汤色（　　），香气纯正，滋味尚醇，叶底尚嫩多筋。
    A. 橙黄明亮　　　　B. 尚红欠亮　　　　C. 橙红尚亮　　　　D. 红明亮

26. 以鲜奶、茶汤、糖等混合调配而成的饮品称为（　　）。
    A. 现代茶饮　　　　B. 奶茶　　　　　　C. 再加工茶　　　　D. 水果茶

27. 中国人很早就认识到茶叶对人体具有保健和调节功效，大量历史文献对此有记载，如东汉末年（　　）《食论》中有"苦茶久食，益意思"的表述。
    A. 卢仝　　　　　　B. 刘松年　　　　　C. 华佗　　　　　　D. 唐寅

28. 在茶中加适量的姜盐，用开水冲泡，然后加些炒熟的豆子和芝麻等，可祛寒、生热、开胃、除乏，俗称（　　）。
    A. 豆子茶　　　　　B. 姜茶　　　　　　C. 开胃茶　　　　　D. 姜盐茶

29. 生活茶艺的编创核心是（　　）。
    A. 泡好一杯茶的技艺　　　　　　　　B. 艺术性地演绎茶文化
    C. 茶席的美观性　　　　　　　　　　D. 茶艺人员的专业性

30. 泡好一杯茶是茶艺的基本要求，泡好茶的基础就是以（　　）为标准，在茶艺编创过程中，凡是有违科学泡茶的程式、动作都要去除。

145

　　　　A. 科学参数　　　　　　　　　　B. 熟练的泡茶流程
　　　　C. 特定的冲泡技巧　　　　　　　D. 优美的肢体动作
31. 茶艺大赛是检测茶艺作品的一个很好的平台和契机，权威的茶艺大赛是茶行业发展的指挥棒，茶艺大赛用客观、科学、全面的（　　）评出优秀的作品。
　　　　A. 行业标准　　　B. 评审标准　　　C. 国家标准　　　D. 团体标准
32. 茶艺表演结束以后，退场行礼是（　　）。
　　　　A. 鞠躬礼　　　　B. 伸掌礼　　　　C. 叩首礼　　　　D. 合十礼
33. 僧侣茶宴多在庄重肃穆的（　　）中举行。
　　　　A. 广场　　　　　B. 竹林　　　　　C. 禅寺　　　　　D. 大堂
34. 茶会的场地布置包括（　　）和场地装饰。
　　　　A. 流水席　　　　B. 固定席　　　　C. 人人泡茶席　　D. 座席布置
35. 茶山推介是茶叶营销中经常见到的，通过对茶山的环境等介绍，使顾客加深对该品牌茶叶的接受度和（　　）。
　　　　A. 信任度　　　　B. 认知度　　　　C. 购买力　　　　D. 鉴赏度
36. 在倾听顾客投诉时，不但要听其表达的内容，还要注意其语调和音量，有助于了解顾客语言背后的（　　）。
　　　　A. 真正目的　　　B. 内在情绪　　　C. 真实意图　　　D. 实际目标
37. 茶艺人员在对商品、服务介绍时，应琢磨顾客心理，着重做好四件事，以下不属于这四件事的是（　　）。
　　　　A. 引起顾客的注意　　　　　　　　B. 培养对方的兴趣
　　　　C. 明确商品的用途　　　　　　　　D. 增强对方的欲望
38. "戏作小诗君莫笑，从来佳茗似佳人"让人产生"异质同构"的审美联想，这首诗的作者是（　　）。
　　　　A. 苏轼　　　　　B. 黄庭坚　　　　C. 李清照　　　　D. 皮日休
39. 茶艺作品的风格多种多样，有针对性地选择服饰有助于更好地体现设计者的独特见解和（　　）。
　　　　A. 表达手法　　　B. 思想感情　　　C. 艺术手法　　　D. 思想表达
40. 茶艺的整体色彩一般由舞台背景、茶席铺垫和（　　）组成。
　　　　A. 茶叶　　　　　B. 茶席　　　　　C. 茶汤　　　　　D. 茶具
41. （　　）包括车流量和人流量两个方面。一般来说，不要选择人、车流量很大的拥挤街口，因为车、人流量很大，很难停下来静心品茶。
　　　　A. 区域规划　　　B. 周边环境　　　C. 交通状况　　　D. 经济环境
42. 茶艺馆的激励方式中，信任激励指给员工提供必要的工作条件和相应的（　　）。
　　　　A. 强化激励　　　B. 目标激励　　　C. 情感激励　　　D. 信任激励
43. 茶艺馆的定价方法中，（　　）指根据顾客对商品价值的认知程度和需求程度确定价格的方法，通过这种方式可以找出茶艺馆的最高价。

A. 需求定价法 B. 随行就市法
C. 同质低价法 D. 吉数定价法

44. 茶艺馆提供的中式点心形式较多，通常可分为酵点类、烤点类、酥点类等，以下点心属于酥点类的是（　　）。

A. 饼干 B. 千层酥 C. 春卷 D. 麻团

45. 文化类主题茶会应配上意义相近的茶点，如升学升职类的茶点，可以配（　　），取节节高的意思。

A. 莲子糕 B. 桂花糕 C. 芝麻糕 D. 百合糕

46. 茶艺培训中，给（　　）讲课，是为了培养相对稳定的理性的消费群体。

A. 店内员工 B. 茶叶爱好者
C. 在校学生 D. 茶行业从业人员

47. 茶艺队以学习（　　）技能为主。

A. 营销技能 B. 文化修养 C. 茶艺技能 D. 塑造形象

48. 茶艺馆培训的实施过程中，（　　）是对本次培训的目的、意义、安排、希望达到的目标、注意事项等重要信息的相对详细的说明材料，一般在开课签到时发给学员。

A. 准备培训须知 B. 签到及材料发放
C. 维持培训纪律 D. 培训服务工作

49. （　　）是茶艺活动的重要内容，营销的目的、内容、场地、季节不同，茶艺的形式与文化风格也不相同。

A. 茶艺表演 B. 茶叶冲泡 C. 茶叶营销 D. 茶席设计

50. 一级（高级）茶艺技师要求具备撰写调研报告的能力，在调研报告的结构中，（　　）是文章的招牌，是对其全部思想内容的集中体现和概括。

A. 标题 B. 引言 C. 正文 D. 附录

二、多项选择题（每题 2 分，多选少选或选错不得分，共 30 分）

51. 加强对茶艺师的职业道德教育，是当前茶行业面临的一个重要课题。大部分消费者对茶叶的（　　）并不了解，从业人员应做到童叟无欺，诚信待人。

A. 产地 B. 类别 C. 功效
D. 品质 E. 价格

52. "风炉"用来煮水，由陆羽设计，一般与（　　）配合起来使用，在生产时都是成套的。

A. 夹 B. 碾 C. 茶釜
D. 铫子 E. 具列

53. 最早提到茶与水关系的是杜育，他在《荈赋》里写道：（　　）。

A. 水则岷方之注 B. 茶烹于所产处 C. 挹彼清流
D. 无不佳出 E. 水以乳液为上

54. 明代张大复在《梅花草堂笔谈》中说："茶性必发于水，（　　）。"

A. 八分之茶，遇十分之水，茶亦十分矣
B. 八分之茶，遇十分之水，茶亦八分矣
C. 八分之水，试十分之茶，茶得十分
D. 十分之茶，遇八分之水，茶只八分耳
E. 八分之水，试十分之茶，茶只八分耳

55. 五因子评茶法要求审评人员（　　）器官并用，外形与内质审评兼重。
A. 视觉　　　　　　　B. 嗅觉　　　　　　　C. 触觉
D. 听觉　　　　　　　E. 味觉

56. 茶叶感官审评中的每一项审评内容中，均包含诸多审评因素，香气的审评因素包括（　　）。
A. 香型　　　　　　　B. 净度　　　　　　　C. 高低
D. 纯异　　　　　　　E. 持久性

57. 茶饮料是在茶汤中加入（　　）或其他添加剂等调剂加工而成的饮品。
A. 水　　　　　　　　B. 甜味剂　　　　　　C. 酸味剂
D. 香精　　　　　　　E. 果汁

58. 质量好、等级高的乌龙茶外形（　　），品质特征或地域特征明显。
A. 灰绿　　　　　　　B. 芽毫肥壮　　　　　C. 肥厚软亮
D. 重实　　　　　　　E. 紧结

59. 茶叶产业的一个发展方向是通过工艺创新，强化茶叶的功能性，生产出（　　）茶等不同茶叶产品。
A. 高维生素　　　　　B. 高儿茶素　　　　　C. 高甲基化 EGCG
D. 高蛋白质　　　　　E. 高茶多糖

60. 茶艺节目编创的原则是（　　）。
A. 生活性与文化性相统一　　　　B. 科学性与艺术性相统一
C. 规范性与自由性相统一　　　　D. 继承性和创新性相统一
E. 随意性与夸张性相统一

61. 茶艺节目编创主题和内涵最终还要依靠茶艺表演者来实现，茶艺表演者的（　　）等现场表现是评价的重要因素。
A. 举手投足　　　　　B. 舞台风格　　　　　C. 技术手法
D. 仪表仪态　　　　　E. 语言解说

62. 不同类型茶叶营销活动与茶艺的结合形式有（　　）。
A. 品牌营销与茶艺的结合　　　　B. 茶叶推介与茶艺的结合
C. 茶山推介与茶艺的结合　　　　D. 茶品推荐与茶艺的结合
E. 茶室宣传与茶艺的结合

63. 茶艺舞台美学须具备（　　）的特点。
A. 品饮环境的清雅之美　　　　　B. 主泡茶人的神韵之美

C. 茶艺要素的和谐之美　　　　　　　　D. 语言解说的留白之美
E. 繁花的搭配之美

64. 茶艺培训中，一般培训对象有（　　）。
A. 茶艺爱好者　　　　B. 单位职工　　　　C. 在校学生
D. 茶行业从业人员　　E. 专家

65. 茶艺培训讲义是为讲课而编写的教材或资料。讲义制作前，要明确（　　）、评价等几个问题。
A. 对象　　　B. 目标　　　C. 内容　　　D. 时间　　　E. 策略

三、判断题（每题1分，共20分）

66. （　　）海派工夫茶的茶叶占壶容量的1/3，这样泡出来的茶汤橙黄明亮、幽香淡雅，更适合上海地区人们的口味。

67. （　　）嗅叶底香气时，叶底温度在50~60℃，其准确性最好。

68. （　　）日本出口的黑乌龙茶具有减肥的功效，富含氨基酸。

69. （　　）老年人身体较弱，新陈代谢缓慢，不适宜多饮浓茶。

70. （　　）五因子审评法主要运用于外贸茶叶的各项交接验收中，通过茶样与实物标准样相对比确定品质。

71. （　　）新中式茶饮的规模扩展迅速，产品更新换代快，品牌逐渐增多，市场竞争激烈，而消费者对于新中式茶饮的饮用价值观却越来越高。

72. （　　）茶多酚是茶叶中最重要的功能成分，占鲜叶干物质重量的18%~36%。

73. （　　）茶艺节目的编创可以暂时脱离实际，以自己的想法和观念，结合一定的茶艺知识编创出符合历史和习俗的茶艺节目。

74. （　　）生活性与文化性相统一的原则不属于茶艺节目编创的原则之一。

75. （　　）茶艺编创要坚持继承性和创新性。

76. （　　）一个好的茶艺创作需要立意高远，富有新意，创新是评价茶艺节目的一个重要标准。

77. （　　）品牌形象偏古典一些的，茶艺活动的形式也应该偏古典，品牌形象偏现代的，茶艺活动的形式也要时尚一些。

78. （　　）茶艺表演时，在解说方面要掌握语言的优美和停顿留白，避免不停地说话冲淡主题，破坏茶道清净雅致的艺术之美。

79. （　　）茶艺馆管理制度常见的有经理负责制、经济责任制和岗位责任制三种类型。

80. （　　）茶艺馆本身不大可能去直接参与茶叶的生产、茶具的制作，但是可以设计出产品去厂家订制，这样就成为茶艺馆自己的文创产品了。

81. （　　）茶艺馆中，关于茶点与茶的搭配，一直以来就有甜配绿、酸配红、瓜子配乌龙的说法，这是从味觉的协调感来说的。

82. （　　）夏日举办荷风茶会，不管配什么茶，点心都应当与荷相关，桂花糕比较合适。

83.（　　）为了调节口味、防止茶醉，茶艺馆有茶菜配置，但要保证茶香不冲淡菜香。

84.（　　）茶艺培训中，给在校学生讲课，要让他们理解中国传统文化的雅趣。

85.（　　）茶艺馆培训的实施过程中，需要整理培训评估试卷，可以检验培训的项目是否达到目标和要求，找出不足，便于改进，更可以发现新的培训需求。

茶艺师（一级）理论知识模拟试卷答案

一、单项选择题

1~5	B B D D A	6~10	B C C B A
11~15	C D C D A	16~20	B B D B B
21~25	A D C B B	26~30	B C D A A
31~35	B A C D A	36~40	B C A A D
41~45	C D A B C	46~50	B C A C A

二、多项选择题

51	DE	52	CD	53	AC	54	AE	55	ABCE
56	ACDE	57	ABCDE	58	DE	59	BC	60	ABCD
61	BCD	62	ABC	63	ABCD	64	ABCD	65	ABCDE

三、判断题

66~70　√　√　×　√　×　　　　71~75　×　√　×　×　√
76~80　√　√　√　√　√　　　　81~85　√　×　×　√　√

茶艺师（五级）操作技能模拟试卷

注 意 事 项

一、本试卷依据《国家职业技能标准 茶艺师》（2018年版）命制。
二、请根据试题考核要求，完成考试内容。
三、请服从考评人员指挥，保证考核安全顺利进行。

试题1：简述茶艺师服饰搭配技巧。

本题分值：15分。

考核时间：10分钟。

考核形式：笔答。

考核要求：考生答题流畅、正确。

试题2：玻璃杯下投法冲泡绿茶茶艺演示。

本题分值：50分。

考核时间：12分钟。

考核形式：实操。

考核要求：①先行布置准备5分钟，设计布置要突出玻璃杯冲泡茶艺演示的特点。②茶艺演示时间：12分钟，演示程序正确、步骤完整，身姿、手势自然优美，茶汤质量符合品质要求。③茶艺演示中有针对茶品的介绍和演示步骤的解说。

试题3：茶样识别与茶器搭配（10种茶样）。

本题分值：20分。

考核时间：10分钟。

考核形式：实操、笔答。

考核要求：考生答题流畅、正确。

试题4：简述接待客人结束后的工作。

本题分值：15分。

考核时间：5分钟。

考核形式：口答。

具体考核要求：考生答题流畅、正确。

茶艺师（五级）操作技能模拟试卷
准备通知单（考场）

试题1

① 30米² 教室，按考试人数安排课桌椅套数。

② 答题试卷（答题纸）。

试题2

① 备考场地、化妆间准备。

② 考核场所：茶艺室50米²左右，音响设备、话筒，茶艺演示操作台3套（考试分口答和实际操作两部分，在对考生进行礼仪、茶品介绍、茶艺程序解说考核后，考生以3~6人为一个小组再进行实际操作部分的考核）。

③ 按下表所列种类及数量准备茶具、茶样等。每次同时考核3~6人，需准备3~6套。

序号	名　称	型号与规格	单位	数量	备注
1	绿茶茶样	适合下投法	克	5	
2	直身玻璃杯	200毫升直身玻璃杯	个	4	
3	赏茶荷	瓷或其他材质	个	1	
4	茶匙	长16厘米，直径1.5厘米左右	个	1	
5	水盂	直径15厘米，高6厘米左右	个	1	
6	茶仓	直径5厘米，高6厘米左右	个	1	
7	茶巾	约20厘米×20厘米	条	1	
8	奉茶盘	约36厘米×27厘米	个	1	
9	随手泡	约800毫升容量	个	1	
10	茶艺演示台	常规	张	1	
11	考评员用纸、笔、文件夹等	红色和黑色墨水笔	套	1	

④ 纯净水（按照考试人数，人均500毫升）、烧水壶、烧水服务人员，或开水机提供开水。

⑤ 评分记录表。

试题3

① 30米² 教室，按考试人数安排课桌椅套数。

② 10种茶样，包括当地名优茶、中国名茶，包含绿茶、红茶、乌龙茶和黑茶等茶类。

③ 茶罐10套。

④ 茶样盘 10 套。

⑤ 答题试卷（答题纸）。

试题 4

① 30 米^{2}教室，按每场考评员和考试人数安排课桌椅套数。

② 考评员用的试题题目和评分登记表。

茶艺师（五级）操作技能模拟试卷
准备通知单（考生）

试题 1、3

黑色水笔、修正液等。

试题 2

仪容仪表准备：茶艺表演前，在备考场所完成化妆。化淡妆，不使用香水，不涂指甲油，发型、服饰与演示主题相符。

茶艺师（五级）操作技能模拟试卷
评分记录表

总 成 绩 表

序号	试题名称	配分	得分	备注
1	简述茶艺师服饰搭配技巧	15		
2	玻璃杯下投法冲泡绿茶茶艺演示	50		
3	茶样识别与茶器搭配（10 种茶样）	20		
4	简述接待客人结束后的工作	15		
	合计	100		

统分人： 年 月 日

试题 1：简述茶艺师服饰搭配技巧。

序号	考核内容	考核要点	配分	考核评分标准	扣分	得分
1	茶艺师服饰搭配技巧	服饰与体型的搭配	5	表述出以下体型的服装搭配宜忌各得 1 分 ① 高瘦体型 ② 较矮体型 ③ 偏胖体型 ④ 下肢粗壮体型 答案内容表述完整准确加 1 分		

(续)

序号	考核内容	考核要点	配分	考核评分标准	扣分	得分
1	茶艺师服饰搭配技巧	服饰与肤色的搭配	5	表述出以下肤色的服装搭配宜忌各得1分 ① 白皙皮肤 ② 深褐色皮肤 ③ 淡黄或偏黄色皮肤 ④ 皮肤暗沉 答案内容表述完整准确加1分		
		服饰与色彩的搭配	5	无论哪一种服饰配色方法，都要坚持一条基本原则，即调和 简述出以下搭配法各得1分 ① 同类色搭配法 ② 相似色搭配法 ③ 对比色搭配法 ④ 主辅色搭配法		
2	考核时间	10分钟		答题时间超1分钟扣1分，最多扣5分		
	合计		15			

评分人：　　　　　　年　月　日　　　　核分人：　　　　　　年　月　日

试题2：玻璃杯下投法冲泡绿茶茶艺演示。

序号	考核内容	考核要点	配分	考核评分标准	扣分	得分
1	仪表及礼仪	① 发饰、面饰 ② 服饰、配饰 ③ 走姿、站姿、坐姿 ④ 自我介绍、礼貌用语	6	① 发饰、面饰整洁典雅无浓妆，得1分 ② 服饰、配饰整齐，与该套茶艺文化特色协调，得1分 ③ 走姿、站姿、坐姿适中自如，腿部合拢，得2分 ④ 自我介绍语气柔和清晰，注重礼貌用语，得2分		
2	茶品质特点介绍及推介	① 茶品质特点 ② 茶品推介	6	① 茶品质特点介绍表达准确，得2~3分 ② 茶品推介语言柔和清晰，得2~3分		
3	茶艺演示流程介绍	① 茶艺程序、步骤介绍 ② 语言语调	6	① 茶艺程序熟悉，步骤内容介绍完整，语言表达良好，得2~3分 ② 语言语调柔和动听清晰，得2~3分		
4	茶具配套和摆设	茶具配套、准备、摆放	8	① 茶具配套齐全，得1~2分 ② 茶具准备利索，得1~2分 ③ 茶具摆设美观规范，得2~4分		

（续）

序号	考核内容	考核要点	配分	考核评分标准	扣分	得分
5	茶艺演示程序	演示过程顺畅地完成	8	① 演示过程出错一次，扣1~2分 ② 演示基本顺利完成，中断或出错二次以下，扣3~6分 ③ 演示未能连续完成，中断或出错三次以上，扣8分		
6	茶艺演示动作、手姿	演示动作表现得当，体现艺术特色，手姿注意美感	8	① 演示动作表现基本适当，尚显艺术感，扣1~4分 ② 演示动作表现平淡，缺乏艺术感，扣5~8分		
7	茶汤质量	茶汤温度适宜，茶水比合适	8	① 茶汤温度适宜，"好"得4分，"尚好"得3分，"一般"得2分，"差"得0分 ② 茶水比适量，"好"得4分，"尚好"得3分，"一般"得2分，"差"得0分		
8	考核时间	12分钟		本题茶艺演示总时长超过1分钟以上扣1分，最多扣5分		
	合计		50			

否定项：①在宣布开始后，超过2分钟考生仍不能正常开展考试的，终止其该项考试，该项记为0分。②考生违反考场规定，有左顾右盼等作弊行为者，终止其该项考试，该项记为0分。③考生所用时间不足该项规定时间1/3的，该项记为0分。

评分人：　　　　年　月　日　　　　核分人：　　　　年　月　日

试题3： 茶样识别与茶器搭配（10种茶样）。

序号	考核内容	考核要点	配分	考核评分标准	扣分	得分
1	茶样识别	① 识别并记录10种茶样的产地（具体到省或市）、茶叶名称、所属茶类 ② 写出所适合演示使用的茶具类别	20	10种茶样的产地、茶叶名称、所属茶类、所适合演示使用的茶具类别等因子，每答错一个要素（产地、茶叶名称、所属茶类）扣0.5分 本题最多扣20分		
2	考核时间	10分钟		答题时间超1分钟扣1分，最多扣5分		
	合计		20			

否定项：①在宣布开始后，超过2分钟考生仍不能正常开展考试的，终止其该项考试，该项记为0分。②考生违反考场规定，有左顾右盼等作弊行为者，终止其该项考试，该项记为0分。

评分人：　　　　年　月　日　　　　核分人：　　　　年　月　日

试题 3：答题纸——茶样识别与茶器搭配（10 种茶样）。

姓名：_____   准考证号：_____   单位：_____

序号	产地	茶名	茶类	冲泡本茶适用的茶具	得分
1					
2					
3					
4					
5					
6					
7					
8					
9					
10					
		合计			

评分人：　　　　　年　　月　　日　　　　核分人：　　　　　年　　月　　日

试题 4：简述接待客人结束后的工作。

序号	考核内容	考核要点	配分	考核评分标准	扣分	得分
1	接待客人结束后需要做的工作	结账服务	6	① 客人的茶品等上齐后的服务内容检查，得 1 分 ② 客人提出结账时茶艺服务人员的做法，得 1 分 ③ 客人现金支付的规范做法，得 1 分 ④ 客人电子或其他支付的规范做法，得 2 分 ⑤ 解决客人停车等其他情形的做法，得 1 分 答题内容需基本全面，否则酌情扣分		
		送别服务	4	① 取回客人保管物品及提醒遗漏，得 2 分 ② 送客道别的规范，得 2 分 答题内容需基本全面，否则酌情扣分		
		清理台面	5	① 客人离开前后的规范做法，得 1 分 ② 器具的整理收拾，得 1 分 ③ 茶叶等物料的处理，得 1 分 ④ 垃圾的处理，得 1 分 ⑤ 营业结束后的收尾工作，得 1 分 答题内容需基本全面，否则酌情扣分		
2	考核时间	5 分钟		答题时间超 1 分钟扣 1 分，最多扣 5 分		
		合计	15			

评分人：　　　　　年　　月　　日　　　　核分人：　　　　　年　　月　　日

茶艺师（四级）操作技能模拟试卷

注 意 事 项

一、本试卷依据《国家职业技能标准　茶艺师》（2018年版）命制。

二、请根据试题考核要求，完成考试内容。

三、请服从考评人员指挥，保证考核安全顺利进行。

试题1：简述茶艺服务中的服务技巧。

本题分值：15分。

考核时间：10分钟。

考核形式：笔答。

考核要求：考生答题流畅、正确。

试题2：玻璃杯冲泡地方名优茶茶艺演示。

本题分值：20分。

考核时间：12分钟。

考核形式：实操。

考核要求：①先行布置准备5分钟，设计布置要突出玻璃杯冲泡名优茶茶艺演示的特点。②茶艺演示时间：12分钟，演示程序正确、步骤完整，身姿、手势自然优美，茶汤质量符合品质要求。③茶艺演示中有针对茶品的介绍和演示步骤的解说。

试题3：紫砂壶冲泡乌龙茶茶艺演示。

本题分值：30分。

考核时间：12分钟。

考核形式：实操。

考核要求：①先行布置准备5分钟，设计布置要突出紫砂壶冲泡乌龙茶茶艺演示的特点。②茶艺演示时间：12分钟，演示程序正确、步骤完整，身姿、手势自然优美，茶汤质量符合品质要求。③茶艺演示中有针对茶品的介绍和演示步骤的解说。

试题4：茶样识别与茶器搭配（15种茶样）。

本题分值：20分。

考核时间：10分钟。

考核形式：实操、笔答。

考核要求：考生答题流畅、正确。

试题5：简述紫砂茶器的质量鉴别。

本题分值：15分。

考核时间：5分钟。

考核形式：口答。

考核要求：考生答题流畅、正确。

茶艺师（四级）操作技能模拟试卷
准备通知单（考场）

试题1

① 30米^{2}教室，按考试人数安排课桌椅套数。

② 答题试卷（答题纸）。

试题2、3

① 备考场地、化妆间准备。

② 考核场所：茶艺室50米^{2}左右，音响设备、话筒，茶艺演示操作台3套（考试分口答和实际操作两部分，在对考生进行礼仪、茶品介绍、茶艺程序解说考核后，考生以3~6人为一个小组再进行实际操作部分的考核）。

③ 按下表所列种类及数量准备茶具、茶样等。每次同时考核3~6人，需准备3~6套。

序号	名 称	型号与规格	单位	数量	备注
1	乌龙茶茶样		克	5	
2	绿茶茶样	适合下投法	克	5	
3	直身玻璃杯	200毫升直身玻璃杯	个	1	
4	紫砂壶	中号，4~5杯容量	个	1	
5	闻香杯、品茗杯	陶、瓷	组	4	
6	杯垫	竹、木、金属等	个	4	
7	公道杯	与紫砂壶容量匹配	个	1	
8	茶道组合	竹、木制，含茶则、茶漏、茶夹、茶刷、茶针等	套	1	
9	茶滤	连座	套	1	
10	赏茶荷	陶、瓷或其他材质	个	1	
11	水盂	直径15厘米，高6厘米左右	个	1	
12	茶仓	直径5厘米，高6厘米左右	个	1	
13	茶巾	约20厘米×20厘米	条	1	
14	奉茶盘	约36厘米×27厘米	个	1	
15	随手泡	约800毫升容量	个	1	
16	茶艺演示台	常规	张	1	
17	考评员用纸、笔、文件夹等	红色和黑色墨水笔	套	1	

④ 纯净水（按照考试人数，人均 500 毫升）、烧水壶、烧水服务人员，或开水机提供开水。

⑤ 评分记录表。

试题 4

① 30 米^2 教室，按考试人数安排课桌椅套数。

② 15 种茶样，包括当地名优茶、中国名茶，包含绿茶、红茶、乌龙茶和黑茶、黄茶、白茶等茶类。

③ 茶罐 15 套。

④ 茶样盘 15 套。

⑤ 答题试卷（答题纸）。

试题 5

① 30 米^2 教室，按每场考评员和考试人数安排课桌椅套数。

② 考评员用的试题题目和评分登记表。

茶艺师（四级）操作技能模拟试卷
准备通知单（考生）

试题 1、4

黑色水笔、修正液等。

试题 2、3

仪容仪表准备：茶艺表演前，在备考场所完成化妆。化淡妆，不使用香水，不涂指甲油，发型、服饰与演示主题相符。

茶艺师（四级）操作技能模拟试卷
评分记录表

总 成 绩 表

序号	试题名称	配分	得分	备注
1	简述茶艺服务中的服务技巧	15		
2	玻璃杯冲泡地方名优茶茶艺演示	20		
3	紫砂壶冲泡乌龙茶茶艺演示	30		
4	茶样识别与茶器搭配（15 种茶样）	20		
5	简述紫砂茶器的质量鉴别	15		
	合计	100		

统分人： 年 月 日

试题1：简述茶艺服务中的服务技巧。

序号	考核内容	考核要点	配分	考核评分标准	扣分	得分
1	茶艺服务中的服务技巧	① 服务技巧概述	4	主要内容：服务技巧首先取决于服务意识，有服务意识就会把事情做好的愿望；其次与服务能力相关，服务能力与技能熟练程度有关，经过训练，大多数人都可以掌握。这两者联系起来，就可以具备高超的服务技巧 答题内容需基本全面，根据答题情况酌情扣分		
		② 托盘技能	4	主要内容：托盘在使用时，可以双手捧，也可以单手托。行走时注意托盘平稳，无论哪种托盘姿势，都以平稳安全为第一要求 答题内容需基本全面，根据答题情况酌情扣分		
		③ 服务手势	4	主要内容：为客人上茶上点心时，不可以用手接触杯口或是盘碗中的食物。在工作前后也不可以用有气味的洗手液 答题内容需基本全面，根据答题情况酌情扣分		
		④ 斟水动作	3	主要内容：茶馆中过去用凤凰三点头的动作向客人表示欢迎，这个动作在今天的茶艺中有保留。在斟水时注意不要把水溅出来或溢出来。斟茶过满，客人无法端杯。所以过去有茶满欺客之说 答题内容需基本全面，根据答题情况酌情扣分		
2	考核时间	10分钟		答题时间超1分钟扣1分，最多扣5分		
	合计		15			

评分人：　　　　　年　　月　　日　　　　核分人：　　　　　年　　月　　日

试题2：玻璃杯冲泡地方名优茶茶艺演示。

序号	考核内容	考核要点	配分	考核评分标准	扣分	得分
1	仪表及礼仪	① 发饰、面饰 ② 服饰、配饰 ③ 走姿、站姿、坐姿 ④ 自我介绍、礼貌用语	2	① 发饰、面饰整洁典雅无浓妆，得0.5分 ② 服饰、配饰整齐，与该套茶艺文化特色协调，得0.5分 ③ 走姿、站姿、坐姿适中自如，腿部合拢，得0.5分 ④ 自我介绍语气柔和清晰，注重礼貌用语，得0.5分		
2	茶品质特点介绍及推介	① 茶品质特点 ② 茶品推介	2	① 茶品质特点介绍表达准确，得1分 ② 茶品推介语言柔和清晰，得1分		
3	茶艺演示流程介绍	① 茶艺程序、步骤介绍 ② 语言语调	3	① 茶艺程序熟悉，步骤内容介绍完整，语言表达良好，得1~2分 ② 语言语调柔和动听清晰，得1分		
4	茶具配套和摆设	茶具配套、准备、摆放	3	① 茶具配套齐全，得1分 ② 茶具准备利索，得1分 ③ 茶具摆设美观规范，得1分		

(续)

序号	考核内容	考核要点	配分	考核评分标准	扣分	得分
5	茶艺演示程序	演示过程顺畅地完成	3	① 演示过程出错一次，扣1分 ② 演示基本顺利完成，中断或出错二次以下，扣2分 ③ 演示未能连续完成，中断或出错三次以上，扣3分		
6	茶艺演示动作、手姿	演示动作表现得当，体现艺术特色，手姿注意美感	4	① 演示动作表现基本适当，尚显艺术感，扣1~2分 ② 演示动作表现平淡，缺乏艺术感，扣3~4分		
7	茶汤质量	茶汤温度适宜，茶水比合适	3	① 茶汤温度适宜，"好"得2分，"一般"得1分，"差"得0分 ② 茶水比适量，"好"得1分，"差"得0分		
8	考核时间	12分钟		本题茶艺演示总时长超过1分钟以上扣1分，最多扣5分		
	合计		20			

否定项：①在宣布开始后，超过2分钟考生仍不能正常开展考试的，终止其该项考试，该项记为0分。②考生违反考场规定，有左顾右盼等作弊行为者，终止其该项考试，该项记为0分。③考生所用时间不足该项规定时间1/3的，该项记为0分。

评分人：　　　　　　年　月　日　　　　核分人：　　　　　　年　月　日

试题3：紫砂壶冲泡乌龙茶茶艺演示。

序号	考核内容	考核要点	配分	考核评分标准	扣分	得分
1	仪表及礼仪	① 发饰、面饰 ② 服饰、配饰 ③ 走姿、站姿、坐姿 ④ 自我介绍、礼貌用语	2	① 发饰、面饰整洁典雅无浓妆，得0.5分 ② 服饰、配饰整齐，与该套茶艺文化特色协调，得0.5分 ③ 走姿、站姿、坐姿适中自如，腿部合拢，得0.5分 ④ 自我介绍语气柔和清晰，注重礼貌用语，得0.5分		
2	茶品质特点介绍及推介	① 茶品质特点 ② 茶品推介	4	① 茶品质特点介绍表达准确，得1~2分 ② 茶品推介语言柔和清晰，得1~2分		
3	茶艺演示流程介绍	① 茶艺程序、步骤介绍 ② 语言语调	4	① 茶艺程序熟悉，步骤内容介绍完整，语言表达良好，得1~2分 ② 语言语调柔和动听清晰，得1~2分		
4	茶具配套和摆设	茶具配套、准备、摆放	4	① 茶具配套齐全，得1分 ② 茶具准备利索，得1分 ③ 茶具摆设美观规范，得1~2分		

（续）

序号	考核内容	考核要点	配分	考核评分标准	扣分	得分
5	茶艺演示程序	演示过程顺畅地完成	6	① 演示过程出错一次，扣2分 ② 演示基本顺利完成，中断或出错二次以下，扣3~5分 ③ 演示未能连续完成，中断或出错三次以上，扣6分		
6	茶艺演示动作、手姿	演示动作表现得当，体现艺术特色，手姿注意美感	5	① 演示动作表现基本适当，尚显艺术感，扣1~2分 ② 演示动作表现平淡，缺乏艺术感，扣3~5分		
7	茶汤质量	茶汤温度适宜，茶水比合适	5	① 茶汤温度适宜，"好"得2分，"一般"得1分，"差"得0分 ② 茶水比适量，"好"得3分，"尚好"得2分，"一般"得1分，"差"得0分		
8	考核时间	12分钟		本题茶艺演示总时长超过1分钟以上扣1分，最多扣5分		
		合计	30			

否定项：①在宣布开始后，超过2分钟考生仍不能正常开展考试的，终止其该项考试，该项记为0分。②考生违反考场规定，有左顾右盼等作弊行为者，终止其该项考试，该项记为0分。③考生所用时间不足该项规定时间1/3的，该项记为0分。

评分人：　　　　　　年　月　日　　　核分人：　　　　　　年　月　日

试题4：茶样识别与茶器搭配（15种茶样）。

序号	考核内容	考核要点	配分	考核评分标准	扣分	得分
1	茶样识别	① 识别并记录15种茶样的产地（具体到省或市）、茶叶名称、所属茶类 ② 写出所适合演示使用的茶具类别	20	15种茶样的产地、茶叶名称、所属茶类、所适合演示使用的茶具类别等因子，每答错一个要素（产地、茶叶名称、所属茶类）扣0.5分 本题最多扣20分		
2	考核时间	10分钟		答题时间超1分钟扣1分，最多扣5分		
		合计	20			

否定项：①在宣布开始后，超过2分钟考生仍不能正常开展考试的，终止其该项考试，该项记为0分；②考生违反考场规定，有左顾右盼等作弊行为者，终止其该项考试，该项记为0分。

评分人：　　　　　　年　月　日　　　核分人：　　　　　　年　月　日

试题 4：答题纸——茶样识别与茶器搭配（15 种茶样）。

序号	产地	茶名	茶类	冲泡本茶适用的茶具	得分
1					
2					
3					
4					
5					
6					
7					
8					
9					
10					
11					
12					
13					
14					
15					
合计					

评分人：　　　　　　年　月　日　　　核分人：　　　　　　年　月　日

试题 5：简述紫砂茶器的质量鉴别。

序号	考核内容	考核要点	配分	考核评分标准	扣分	得分
1	紫砂茶器的质量鉴别	材质	5	主要内容：宜兴陶土分布于南郊丘陵地带，种类繁多。当地一般把陶土分为白泥、甲泥、嫩泥（三大类，俗称"五色土"） 答题内容需基本全面，根据答题情况酌情扣分		
		器型	3	主要内容：陶器茶具的造型大致可以归纳为仿生型、几何型、艺术型、特种型四大类。整体来说，要求器型端正大方 答题内容需基本全面，根据答题情况酌情扣分		
		色泽	4	主要内容：紫砂的原料用泥也称"五色土"，根据矿土分布、调配方法、烧成时温度及不同质地紫泥调配的不同，呈现不同色泽，主要有紫泥、绿泥和红泥三种。紫砂茶器越用越润，经过长期的人手抚摩，表面呈现出油润的光泽 答题内容需基本全面，根据答题情况酌情扣分		

（续）

序号	考核内容	考核要点	配分	考核评分标准	扣分	得分
1	紫砂茶器的质量鉴别	挑选紫砂茶器注意事项	3	主要内容：挑选紫砂茶具要注意几点：声音有金石感；手感应光滑圆润、舒坦；出水要顺畅，断水要果断，断水后壶嘴没有水滴滑落；重心要稳，端拿要顺手，容量大小需合己用；口、盖设计合理，茶叶进出方便。答题内容需基本全面，根据答题情况酌情扣分		
2	考核时间	5 分钟		答题时间超 1 分钟扣 1 分，最多扣 5 分		
	合计		15			

评分人：　　　　　　　年　月　日　　　核分人：　　　　　　　年　月　日

茶艺师（三级）操作技能模拟试卷

注 意 事 项

一、本试卷依据《国家职业技能标准 茶艺师》（2018 年版）命制。

二、请根据试题考核要求，完成考试内容。

三、请服从考评人员指挥，保证考核安全顺利进行。

试题 1：茶术语"采茶、精制、杀青、闷黄、揉捻"分别翻译成英语。

本题分值：20 分。

考核时间：10 分钟。

考核形式：笔答。

考核要求：考生答题流畅、正确。

试题 2：唐式煎茶的茶艺演示。

本题分值：30 分。

考核时间：12 分钟。

考核形式：实操。

考核要求：①先行布置准备 6 分钟，设计布置要突出唐式煎茶茶艺演示的特点。②茶艺演示时间：12 分钟，演示程序正确、步骤完整，身姿、手势自然优美，茶汤质量符合品质要求。③茶艺演示中有针对茶品的介绍和演示步骤的解说。

试题 3：自创茶艺的茶席设计和茶艺演示。

本题分值：35 分。

考核时间：15 分钟。

考核形式：实操。

考核要求：①先行布置准备 10 分钟。②茶艺演示时间：15 分钟，演示程序正确、步骤完整，身姿、手势自然优美，茶汤质量符合品质要求。③茶席布置要具有一定的创新性，能突显艺术效果。茶艺演示中有针对茶品的介绍和演示步骤的解说，条理清晰，口齿清晰婉转。④自创茶艺有主题、有思想、有创意。⑤奉茶次序正确，做到微笑服务，并细致、有条理地做好收具工作。

试题 4： 简述茶叶内质审评的步骤和内容。

本题分值：15 分。

考核时间：5 分钟。

考核形式：口答。

考核要求：考生答题流畅、正确。

茶艺师（三级）操作技能模拟试卷
准备通知单（考场）

试题 1

① 30 米^2 教室，按考试人数安排课桌椅套数。

② 答题试卷（答题纸）。

试题 2

① 备考场地、化妆间准备。

② 考核场所：茶艺室 50 米^2 左右，音响设备、话筒，茶艺演示操作台 3 套（考试分口答和实际操作两部分，在对考生进行礼仪、茶品介绍、茶艺程序解说考核后，考生以 3~6 人为一个小组再进行实际操作部分的考核）。

③ 按下表所列种类及数量准备茶具、茶样等。每次同时考核 3~6 人，需准备 3~6 套。

序号	名称	型号与规格	单位	数量	备注
1	煎茶	玉露、紫笋等茶样	克	10	
2	煮茶器（茶釜）	陶、铜、玻璃	只	1	
3	烧水器（茶炉）	电炉或炭炉	套	1	
4	烧水壶（不锈钢等）	1200 毫升	只	1	
5	石磨、石碾、罗筛组合	—	套	1	
6	水勺	竹或木制	只	1	
7	分茶勺	陶、瓷、玻璃或金属等材质	只	1	
8	茶碗	陶、瓷或玻璃，50~80 毫升	只	4	
9	赏茶荷	陶、瓷或其他材质	个	1	

(续)

序号	名称	型号与规格	单位	数量	备注
10	水盂	直径15厘米，高6厘米左右	个	1	
11	茶仓	直径5厘米，高6厘米左右	个	1	
12	茶巾	约20厘米×20厘米	条	1	
13	奉茶盘	约36厘米×27厘米	个	1	
14	茶艺演示台	常规	张	1	
15	考评员用纸、笔、文件夹等	红色和黑色墨水笔	套	1	

④ 纯净水（按照考试人数，人均500毫升）、烧水壶、烧水服务人员，或开水机提供开水。

⑤ 评分记录表。

试题4

① 30米^{2}教室，按每场考评员和考试人数安排课桌椅套数。

② 考评员用的试题题目和评分登记表。

茶艺师（三级）操作技能模拟试卷
准备通知单（考生）

试题1

黑色水笔、修正液等。

试题2、3

① 仪容仪表准备：茶艺表演前，在备考场所完成化妆。化淡妆，不使用香水，不涂指甲油，发型、服饰与演示主题相符。

② 自创茶艺所需器具准备（含茶器、茶席、装饰、背景等）。

茶艺师（三级）操作技能模拟试卷
评分记录表

总 成 绩 表

序号	试题名称	配分	得分	备注
1	茶术语"采茶、精制、杀青、闷黄、揉捻"分别翻译成英语	20		
2	唐式煎茶的茶艺演示	30		

(续)

序号	试题名称	配分	得分	备注
3	自创茶艺的茶席设计和茶艺演示	35		
4	简述茶叶内质审评的步骤和内容	15		
	合计	100		

统分人：　　　　　　　　　　　　　　　　　　　　　　　年　　月　　日

试题1：茶术语"采茶、精制、杀青、闷黄、揉捻"分别翻译成英语。

序号	考核内容	考核要点	配分	考核评分标准	扣分	得分
1	茶术语翻译成英语	① 采茶	4	主要内容："采茶"翻译成英语：Tea Picking 根据答题内容是否正确酌情给分		
		② 精制	4	主要内容："精制"翻译成英语：Refining 根据答题内容是否正确酌情给分		
		③ 杀青	4	主要内容："杀青"翻译成英语：Fixation 根据答题内容是否正确酌情给分		
		④ 闷黄	4	主要内容："闷黄"翻译成英语：Sweltering 根据答题内容是否正确酌情给分		
		⑤ 揉捻	4	主要内容："揉捻"翻译成英语：Rolling 根据答题内容是否正确酌情给分		
2	考核时间	10分钟		答题时间超1分钟扣1分，最多扣5分		
	合计		20			

评分人：　　　　　年　　月　　日　　　核分人：　　　　　年　　月　　日

试题2：唐式煎茶的茶艺演示。

序号	考核内容	考核要点	配分	考核评分标准	扣分	得分
1	仪表及礼仪	① 发饰、面饰 ② 服饰、配饰 ③ 走姿、站姿、坐姿 ④ 自我介绍、礼貌用语	4	① 发饰、面饰整洁典雅无浓妆，得1分 ② 服饰、配饰整齐，与该套茶艺文化特色协调，得1分 ③ 走姿、站姿、坐姿适中自如，腿部合拢，得1分 ④ 自我介绍语气柔和清晰，注重礼貌用语，得1分		
2	茶品质特点介绍及推介	① 茶品质特点 ② 茶品推介	4	① 茶品质特点介绍表达准确，得1~2分 ② 茶品推介语言柔和清晰，得1~2分		
3	茶艺演示流程介绍	① 茶艺程序、步骤介绍 ② 语言语调	4	① 茶艺程序熟悉，步骤内容介绍完整，语言表达良好，得1~2分 ② 语言语调柔和动听清晰，得1~2分		
4	茶具配套和摆设	茶具配套、准备、摆放	4	① 茶具配套齐全，得1分 ② 茶具准备利索，得1分 ③ 茶具摆设美观规范，得1~2分		

(续)

序号	考核内容	考核要点	配分	考核评分标准	扣分	得分
5	茶艺演示程序	演示过程顺畅地完成	5	① 演示过程出错一次，扣1分 ② 演示基本顺利完成，中断或出错二次以下，扣2~4分 ③ 演示未能连续完成，中断或出错三次以上，扣5分		
6	茶艺演示动作、手姿	演示动作表现得当，体现艺术特色，手姿注意美感	5	① 演示动作表现基本适当，尚显艺术感，扣1~2分 ② 演示动作表现平淡，缺乏艺术感，扣3~5分		
7	茶汤质量	茶汤温度适宜，茶水比合适	4	① 茶汤温度适宜："是"得2分、"一般"得1分、"否"得0分 ② 茶水比适量："是"得2分、"一般"得1分、"否"得0分		
8	考核时间	12分钟		本题茶艺演示总时长超过或不足1分钟扣1分，最多扣5分		
	合计		30			

否定项：①在宣布开始后，超过2分钟考生仍不能正常开展考试的，终止其该项考试，该项记为0分。②考生违反考场规定，有左顾右盼等作弊行为者，终止其该项考试，该项记为0分。③考生所用时间不足该项规定时间1/3的，该项记为0分。

评分人：　　　　　　年　　月　　日　　　　核分人：　　　　　　年　　月　　日

试题3：自创茶艺的茶席设计和茶艺演示。

序号	考核内容	考核要点	配分	考核评分标准	扣分	得分
1	茶席设计	茶席的立意、茶具与色彩搭配、背景及配乐	10	① 茶具配置："好"3分、"中"2分、"一般"1分、"差"0分 ② 色彩搭配："好"3分、"中"2分、"一般"1分、"差"0分 ③ 背景及配乐："好"3分、"中"2分、"一般"1分、"差"0分 ④ 主题阐述："好"3分、"中"2分、"一般"1分、"差"0分 本题最多得10分		
2	仪容仪表和茶艺演示	仪容仪表、服饰搭配、演示动作规范性、演示过程	10	① 发饰、面饰整洁典雅无浓妆："好"3分、"中"2分、"一般"1分、"差"0分 ② 服饰与茶艺演示及文化特色协调："好"3分、"中"2分、"一般"1分、"差"0分 ③ 演示动作适度有艺术品位："好"4分、"中"3分、"一般"3分、"差"0分 ④ 演示过程顺畅、完整："好"5分、"中"4分、"一般"3分、"差"0分		

(续)

序号	考核内容	考核要点	配分	考核评分标准	扣分	得分
3	奉茶和茶汤质量	奉茶动作规范、茶汤质量	10	① 奉茶姿态、姿势自然,言辞恰当:"好"3分、"中"2分、"一般"1分、"差"0分 ② 茶的色、香、味表达充分:"好"3分、"中"2分、"一般"1分、"差"0分 ③ 茶汤温度适宜:"好"3分、"中"2分、"一般"1分、"差"0分 ④ 茶水比适量:"好"3分、"中"2分、"一般"1分、"差"0分 本题最多得10分		
4	收具	收具规范无失误	5	① 收具动作规范:"好"3分、"中"2分、"一般"1分、"差"0分 ② 过程无差错失误:"无差错"2分、"有差错"1分、"打碎或掉落茶具"0分		
5	考核时间	15分钟		本题茶艺演示总时长超过1分钟以上扣1分,最多扣5分		
	合计		35			

否定项:①在宣布开始后,超过2分钟考生仍不能正常开展考试的,终止其该项考试,该项记为0分。②考生违反考场规定,有左顾右盼等作弊行为者,终止其该项考试,该项记为0分。③考生所用时间不足该项规定时间1/3的,该项记为0分。

评分人:　　　　　年　月　日　　　　核分人:　　　　　年　月　日

试题 4:简述茶叶内质审评的步骤和内容。

序号	考核内容	考核要点	配分	考核评分标准	扣分	得分
1	茶叶内质审评的步骤和要求	步骤	3	主要内容:开汤后依次等速沥出茶汤再进行逐项审评,先嗅香气,快看汤色,再尝滋味,后评叶底(审评绿茶有时先看汤色) 答题内容需基本全面,根据答题情况酌情扣分		
		香气	3	主要内容:嗅香气,香气审评其类型、浓度、纯度、持久性 答题内容需基本全面,根据答题情况酌情扣分		
		汤色	3	主要内容:看汤色,茶汤审评其颜色种类与色度、明暗度和清浊度等 答题内容需基本全面,根据答题情况酌情扣分		
		滋味	3	主要内容:尝滋味,茶汤滋味评其浓淡、厚薄、醇涩、纯异和鲜钝等 答题内容需基本全面,根据答题情况酌情扣分		
		叶底	3	主要内容:评叶底,叶底审评其嫩度、色泽、明暗度和匀整度(包括嫩度的匀整度和色泽的匀整度) 答题内容需基本全面,根据答题情况酌情扣分		
2	考核时间	5分钟		答题时间超1分钟扣1分,最多扣5分		
	合计		15			

评分人:　　　　　年　月　日　　　　核分人:　　　　　年　月　日

茶艺师（二级）操作技能模拟试卷

注 意 事 项

一、本试卷依据《国家职业技能标准　茶艺师》（2018年版）命制。

二、请根据试题考核要求，完成考试内容。

三、请服从考评人员指挥，保证考核安全顺利进行。

试题1：简述茶艺馆的市场细分。

本题分值：20分。

考核时间：5分钟。

考核形式：口答。

考核要求：考生答题流畅、正确。

试题2：煎茶仿古茶艺演示。

本题分值：35分。

考核时间：15分钟。

考核形式：实操。

考核要求：①先行布置准备6分钟，设计布置要突出仿古茶艺煎茶演示的特点。②茶艺演示时间：15分钟，演示程序正确、步骤完整，身姿、手势自然优美，茶汤质量符合品质要求。③茶艺演示中有针对茶品的介绍和演示步骤的解说。

试题3：茶艺外语。

① 茶术语"烘青茶，赏茶，茶肴"翻译成英语。

② "中国茶大致分为六类，红茶主要分为工夫红茶、红碎茶和小种红茶"翻译成日语。

本题分值：5分。

考核时间：5分钟。

考核形式：口答。

考核要求：考生答题流畅、正确。

试题4：简述茶会整体规划的要求。

本题分值：10分。

考核时间：10分钟。

考核形式：笔答。

考核要求：考生答题流畅、正确。

试题5：简述茶艺馆服务的基本技能。

本题分值：30分。

考核时间：5分钟。

考核形式：口答。

考核要求：考生答题流畅、正确。

茶艺师（二级）操作技能模拟试卷
准备通知单（考场）

试题 1、3、5

① 30 米² 教室，按每场考评员和考试人数安排课桌椅套数。

② 考评员用的试题题目和评分登记表。

试题 2

① 备考场地、化妆间准备。

② 考核场所：茶艺室 50 米² 左右，音响设备、话筒，茶艺演示操作台 3 套（考试分口答和实际操作两部分，在对考生进行礼仪、茶品介绍、茶艺程序解说考核后，考生以 3~6 人为一个小组再进行实际操作部分的考核）。

③ 按下表所列种类及数量准备茶具、茶样等。每次同时考核 3~6 人，需准备 3~6 套。

序号	名称	型号与规格	单位	数量	备注
1	煎茶	玉露、紫笋等茶样	克	10	
2	煮茶器（茶釜）	陶、铜、玻璃	只	1	
3	烧水器（茶炉）	电炉或炭炉	套	1	
4	烧水壶（铁壶）	1200 毫升	只	1	
5	石磨、石碾、罗筛组合	—	套	1	
6	水勺	竹或木制	只	1	
7	分茶勺	陶、瓷、玻璃或金属等材质	只	1	
8	花器、花	—	套	1	
9	香器、香	—	套	1	
10	仿古茶席布	—	套	1	
11	茶碗	陶、瓷或玻璃，50~80 毫升	只	4	
12	赏茶荷	陶、瓷或其他材质	个	1	
13	水盂	直径 15 厘米，高 6 厘米左右	个	1	
14	茶仓	直径 5 厘米，高 6 厘米左右	个	1	
15	茶巾	约 20 厘米 ×20 厘米	条	1	
16	奉茶盘	约 36 厘米 ×27 厘米	个	1	
17	茶艺演示台	常规	张	1	
18	考评员用纸、笔、文件夹等	红色和黑色墨水笔	套	1	

④ 纯净水（按照考试人数，人均 500 毫升）、烧水壶、烧水服务人员，或开水机提供开水。
⑤ 评分记录表。

试题 4

① 30 米^2 教室，按考试人数安排课桌椅套数。
② 答题试卷（答题纸）。

茶艺师（二级）操作技能模拟试卷
准备通知单（考生）

试题 2

仪容仪表准备：茶艺表演前，在备考场所完成化妆。化淡妆，不使用香水，不涂指甲油，发型、服饰与演示主题相符。

试题 4

黑色水笔、修正液等。

茶艺师（二级）操作技能模拟试卷
评分记录表

总 成 绩 表

序号	试题名称	配分	得分	备注
1	简述茶艺馆的市场细分	20		
2	煎茶仿古茶艺演示	35		
3	茶艺外语	5		
4	简述茶会整体规划的要求	10		
5	简述茶艺馆服务的基本技能	30		
合计		100		

统分人：　　　　　　　　　　　　　　　　　　　　　　　　年　　月　　日

试题 1：简述茶艺馆的市场细分。

序号	考核内容	考核要点	配分	考核评分标准	扣分	得分
1	茶艺馆的市场细分	① 概述	5	主要内容：市场细分有助于经营者选准目标市场，有针对性地开展特色经营，从而更好地满足消费者的需求，同时也能提高茶艺馆的经济效益根据答题内容是否正确酌情给分		

(续)

序号	考核内容	考核要点	配分	考核评分标准	扣分	得分
1	茶艺馆的市场细分	② 以地区为标准划分	5	主要内容：茶艺馆所处的区域不同，消费群的差别也很大。在繁华的区域和主要商业街道的选址，顾客群体对环境和服务比较看重。在一般街道或社区的选址，顾客群体往往希望经济实惠。在一些风景旅游点，游客占大多数，他们看重的是这类茶艺馆宁静幽雅的环境和清新的空气 根据答题内容是否正确酌情给分		
		③ 以消费动机划分	5	主要内容：茶客光顾茶艺馆的目的不同，希望得到的服务也不同。有的是为了寻找雅趣，有的是为了谈生意，有的是为了叙旧，有的是为了娱乐，也有的是为了找地方进行小型聚会 根据答题内容是否正确酌情给分		
		④ 以消费频率划分	5	主要内容：茶艺馆中既有常客，也有一次性的光顾者，他们对茶叶的等级、服务的内容、茶艺馆的氛围也有不同的要求 根据答题内容是否正确酌情给分		
2	考核时间	5分钟		答题时间超1分钟扣1分，最多扣5分		
	合计		20			

评分人：　　　　　年　月　日　　核分人：　　　　　年　月　日

试题2：煎茶仿古茶艺演示。

序号	考核内容	考核要点	配分	考核评分标准	扣分	得分
1	仪表及礼仪	① 发饰、面饰 ② 服饰、配饰 ③ 走姿、站姿、坐姿 ④ 自我介绍、礼貌用语	5	① 发饰、面饰整洁典雅无浓妆，得1分 ② 服饰、配饰整齐，与该套茶艺文化特色协调，得1分 ③ 走姿、站姿、坐姿适中自如，腿部合拢，得2分 ④ 自我介绍语气柔和清晰，注重礼貌用语，得1分		
2	茶品质特点介绍及推介	① 茶品质特点 ② 茶品推介	5	① 茶品质特点介绍表达准确，得1~2分 ② 茶品推介语言柔和清晰，得2~3分		
3	茶艺演示流程介绍	① 茶艺程序、步骤介绍 ② 语言语调	5	① 茶艺程序熟悉，步骤内容介绍完整，语言表达良好，得1~2分 ② 语言语调柔和动听清晰，得2~3分		
4	茶具配套和摆设	茶具配套、准备、摆放	6	① 茶具配套齐全，得1~2分 ② 茶具准备利索，得1~2分 ③ 茶具摆设美观规范，得1~2分		

（续）

序号	考核内容	考核要点	配分	考核评分标准	扣分	得分
5	茶艺演示程序	演示过程顺畅地完成	5	① 演示过程出错一次，扣1分 ② 演示基本顺利完成，中断或出错二次以下，扣2~4分 ③ 演示未能连续完成，中断或出错三次以上，扣5分		
6	茶艺演示动作、手姿	演示动作表现得当，体现艺术特色，手姿注意美感	5	① 演示动作表现基本适当，尚显艺术感，扣1~2分 ② 演示动作表现平淡，缺乏艺术感，扣3~5分		
7	茶汤质量	茶汤温度适宜，茶水比合适	4	① 茶汤温度适宜："是"得2分、"一般"得1分、"否"得0分 ② 茶水比适量："是"得2分、"一般"得1分、"否"得0分		
8	考核时间	15分钟		本题茶艺演示总时长超过1分钟以上扣1分，最多扣5分		
		合计	35			

否定项：①在宣布开始后，超过2分钟考生仍不能正常开展考试的，终止其该项考试，该项记为0分。②考生违反考场规定，有左顾右盼等作弊行为者，终止其该项考试，该项记为0分。③考生所用时间不足该项规定时间1/3的，该项记为0分。

评分人：　　　　　　　　年　月　日　　　核分人：　　　　　　　　年　月　日

试题3：茶艺外语。

序号	考核内容	考核要点	配分	考核评分标准	扣分	得分
1	茶术语分别翻译成英语和日语	① 烘青茶（汉译英）	1	"烘青茶"翻译成英语：Roast Green Tea 根据答题内容是否正确酌情给分		
		② 赏茶（汉译英）	1	"赏茶"翻译成英语：Appreciate Tea 根据答题内容是否正确酌情给分		
		③ 茶肴（汉译英）	1	"茶肴"翻译成英语：Tea Cuisine 根据答题内容是否正确酌情给分		
		④ 中国茶大致分为六类（汉译日）	1	"中国茶大致分为六类"翻译成日语：中国茶は大きく六種に分類します 根据答题内容是否正确酌情给分		
		⑤ 红茶主要分为工夫红茶、红碎茶和小种红茶（汉译日）	1	"红茶主要分为工夫红茶、红碎茶和小种红茶"翻译成日语：紅茶は工夫紅茶、紅砕茶と小種と分けられます 根据答题内容是否正确酌情给分		
2	考核时间	5分钟		答题时间超1分钟扣1分，最多扣5分		
		合计	5			

试题 4：简述茶会整体规划的要求。

序号	考核内容	考核要点	配分	考核评分标准	扣分	得分
1	茶会整体规划的要求	① 前期准备与人员分工	3	主要内容：前期准备主要是物资的调配安排，包括茶桌、茶具、茶叶、茶点、水、登记簿、视频音响设施、场地装饰等；人员分工有茶会主持人、茶艺师、后勤保障人员、音响师、导引员。执行方案就是两个方面的工作：物料的工作和人员分工的工作。将人和物有机结合，那么这个执行方案可以说是成功的 答题内容需基本全面，根据答题情况酌情扣分		
		② 现场控制	3	主要内容：在制作活动执行方案的时候，除了活动的流程以外，还应该考虑现场的人流方向。在执行方案中，最关键的是小组的分工和成员的分配，为每个项目组建一个筹备小组，安排一个负责人，对区域进行权责明确的分工，明确每个人的工作岗位，是在执行方案中必须体现的。在做执行方案的时候，头脑中一定要把整个活动模拟数遍，把各个细节都考虑到，有条不紊地安排各个阶段的时间 答题内容需基本全面，根据答题情况酌情扣分		
		③ 活动预案	4	主要内容：每个活动都可能出现计划外的情况。在茶会活动中，最常见的有水电问题、消防问题、进场退场问题、突发事故的处理等。曾有茶会上客人因身体缺钾而突然晕倒的情况，也有客人不慎打碎茶具的情况，更多的是茶会结束时客人遗留物品、茶艺师丢失茶具的情况。这些在茶会规划时应考虑在内 答题内容需基本全面，根据答题情况酌情扣分		
2	考核时间	10 分钟		答题时间超 1 分钟扣 1 分，最多扣 5 分		
	合计		10			

评分人： 　　　　　　年　　月　　日　　　　核分人： 　　　　　　年　　月　　日

试题 5：简述茶艺馆服务的基本技能。

序号	考核内容	考核要点	配分	考核评分标准	扣分	得分
1	茶艺馆服务的基本技能	① 概述	5	主要内容：茶艺馆的每一个岗位都有其服务方法与标准，不同风格、不同地区的茶艺馆，服务的方法与标准都不一样，甚至可能有相当大的差别，如江浙地区与西南地区的茶艺馆服务不一样；仿古风格的茶艺馆与都市时尚的茶艺馆服务不一样 答题内容需基本全面，根据答题情况酌情扣分		

（续）

序号	考核内容	考核要点	配分	考核评分标准	扣分	得分
1	茶艺馆服务的基本技能	② 迎送宾客	7	主要内容：大型茶艺馆一般要配备专门的迎宾人员，小型茶艺馆可以由服务员兼任，在客人进入店堂后，有礼貌地将客人引到座位上，并询问客人的需要。询问时，要注意分寸，把客人当成朋友来招待。在领客时要说"请跟我来""这边请"，同时做出引导的手势，步速不宜太快，应随时回头与客人联系或微笑致意。客人离开后，要及时清台，仔细查看客人有无遗忘的物品，如有，要追出去送还给客人 答题内容需基本全面，根据答题情况酌情扣分		
		③ 茶座服务	7	主要内容：多用托盘，托盘是用来端送茶水、食品的重要工具，是茶艺馆服务人员必须掌握的技能。托盘的姿势要大方，动作要熟练。托盘的方法有两种：轻托与重托。轻托所托送的物品较轻，将托盘平托于胸前。重托所托送的物品较重，需要将托盘托在肩部。茶艺馆里一般用的都是轻托 答题内容需基本全面，根据答题情况酌情扣分		
		④ 泡茶服务	7	主要内容：客人入座点了茶水后，茶艺师应在5分钟内将茶与茶食端送至客人面前。有时服务员要上前斟茶，茶艺表演时服务员也要斟茶，斟茶时要注意不要把茶水滴在客人的衣服上，斟茶的人手上要带一块茶巾，随时擦掉滴在桌上的茶水。第一杯茶一般要当着客人的面放入茶叶，让客人看清楚茶叶的质量。要严格按标准方法来冲泡茶叶。斟茶时茶杯不要斟满 答题内容需基本全面，根据答题情况酌情扣分		
		⑤ 结账服务	4	主要内容：当客人表示要结账时，服务员应立即到收款台将客人的账单取来，请客人核对后，将钱款交送收款台，并将发票交给客人。在结账时不要高声报出消费金额，找零的钱放在一个信封里交给客人 答题内容需基本全面，根据答题情况酌情扣分		
2	考核时间	5分钟		答题时间超1分钟扣1分，最多扣5分		
	合计		30			

评分人：　　　　　　年　　月　　日　　　核分人：　　　　　　年　　月　　日

茶艺师（一级）操作技能模拟试卷

注 意 事 项

一、本试卷依据《国家职业技能标准　茶艺师》（2018年版）命制。

二、请根据试题考核要求，完成考试内容。

三、请服从考评人员指挥，保证考核安全顺利进行。

试题1：简述针对不同类型宾客需求提供茶品和服务的要求。

本题分值：20分。

考核时间：5分钟。

考核形式：口答。

考核要求：考生答题流畅、正确。

试题2：命题茶艺节目编创及操作演示（仿古茶艺——刘备招亲）。

本题分值：25分。

考核时间：15分钟。

考核形式：实操。

考核要求：①先行布置准备10分钟。②茶艺演示时间：15分钟，演示程序正确、步骤完整，身姿、手势自然优美，茶汤质量符合品质要求。③命题创作的茶席和场景布置要具有一定的创新性，能突显艺术效果。茶艺演示中有针对茶品的介绍和演示步骤的解说，条理清晰，口齿清晰婉转。④命题创作的茶艺节目贴合命题要求，有主题、有思想、有创意。⑤奉茶次序正确，做到微笑服务，并细致、有条理地做好收具工作。

试题3：简述茶会创意的设计要求。

本题分值：20分。

考核时间：10分钟。

考核形式：笔答。

考核要求：考生答题流畅、正确。

试题4：简述茶艺馆的有形文创产品。

本题分值：35分。

考核时间：5分钟。

考核形式：口答。

考核要求：考生答题流畅、正确。

茶艺师（一级）操作技能模拟试卷
准备通知单（考场）

试题1、4

① 30米² 教室，按每场考评员和考试人数安排课桌椅套数。

② 考评员用的试题题目和评分登记表。

试题2

① 备考场地、化妆间准备。

② 考核场所：茶艺室50米²左右，音响设备、话筒，茶艺演示操作台3套（考试分口答和实际操作两部分，在对考生进行礼仪、茶品介绍、茶艺程序解说考核后，考生以3~6人为一个小组再进行实际操作部分的考核）。

③ 按下表所列种类及数量准备茶具、茶样等。每次同时考核3~6人，需准备3~6套。

序号	名称	型号与规格	单位	数量	备注
1	茶艺演示台	常规	张	1	
2	考评员用纸、笔、文件夹等	红色和黑色墨水笔	套	1	

④ 纯净水（按照考试人数，人均500毫升）、烧水壶、烧水服务人员，或开水机提供开水。

⑤ 评分记录表。

试题3

① 30米² 教室，按考试人数安排课桌椅套数。

② 答题试卷（答题纸）。

茶艺师（一级）操作技能模拟试卷
准备通知单（考生）

试题2

① 仪容仪表准备：茶艺表演前，在备考场所完成化妆。化淡妆，不使用香水，不涂指甲油，发型、服饰与演示主题相符。

② 自创茶艺所需器具准备（含茶器、茶席、装饰、背景等）。

试题3

黑色水笔、修正液等。

茶艺师（一级）操作技能模拟试卷
评分记录表

总 成 绩 表

序号	试题名称	配分	得分	备注
1	简述针对不同类型宾客需求提供茶品和服务的要求	20		
2	命题茶艺节目编创及操作演示（仿古茶艺——刘备招亲）	25		
3	简述茶会创意的设计要求	20		
4	简述茶艺馆的有形文创产品	35		
	合计	100		

统分人：　　　　　　　　　　　　　　　　　　　　　　　年　　月　　日

试题1：简述针对不同类型宾客需求提供茶品和服务的要求。

序号	考核内容	考核要点	配分	考核评分标准	扣分	得分
1	针对不同类型宾客需求提供茶品和服务的要求	① 针对商务人士	5	主要内容：商务人士来茶艺馆的目的是从事商业洽谈、会议等活动，因此服务要做到准备精细化。在茶品推荐时可突出茶品的价值和档次。在服务时要注意尽量不要打扰客人的会谈，注意避让，注意缩短服务时长的同时，也要照顾到客人的服务需求。商务会谈如果进行得时间较长，服务人员要主动询问是否需要提供美食、茶点、茶食等 根据答题内容是否正确酌情给分		
		② 针对休闲娱乐宾客	5	主要内容：此类宾客到茶艺馆消费的目的在于休闲或与好友相聚，往往在茶艺馆待的时间比较长，对舒适度要求比较高。在服务时可选择较为宽敞舒适的茶空间，推荐耐泡度较高的茶饮或应季上市的新茶。如果宾客携带儿童同行，也可为儿童推荐水果茶、调饮茶之类茶饮，还可为宾客推荐多款特色点心或茶食，让宾客在好茶与美食中享受相聚休闲的美好时光 根据答题内容是否正确酌情给分		
		③ 针对茶道发烧友	5	主要内容：此类宾客的特点是对茶品的种类、制作工艺、品质特征、茶文化研究精深，对茶品、茶空间、茶事服务的标准要求高。在进行服务时，可推荐茶艺馆中有特色的品质优异的茶品、市面少见的珍贵茶品。如果需茶艺服务人员为宾客冲泡茶品，则要求茶艺服务人员能够根据茶品的种类、级别、仓储、年份等特征调节好配套器具、冲泡方法，为宾客提供专业化的服务。如宾客提出服务的不足之处，茶艺服务人员应耐心讨教，并不断修炼提高自己的专业水平 根据答题内容是否正确酌情给分		

（续）

序号	考核内容	考核要点	配分	考核评分标准	扣分	得分
1	针对不同类型宾客需求提供茶品和服务的要求	④ 针对不同性别的宾客		主要内容：由于性别、体质、口感偏好不同，不同茶友在茶品的选择上存在差异，这就要求茶艺服务人员能根据宾客的实际情况推荐不同茶品 根据答题内容是否正确酌情给分		
		⑤ 针对不同消费层次的宾客	5	主要内容：针对不同消费层次的宾客，要推荐适合其消费能力的茶品，不能因为宾客的消费水平不同而明显地区别对待。若宾客的消费能力较高，可推荐较珍贵的茶品或品质上等的茶品，配备较高端精致的茶器。对于大众消费能力的宾客，茶艺服务人员在进行产品推荐时，最好能够详细地介绍该茶品的具体信息，如茶叶品质特征、保健功效及价格等，有条件时可以请宾客试饮，这样可以避免在具体服务时出现争议。若茶艺馆正在进行茶品促销活动，也可以为此类宾客进行推荐，为其提供更多选择 根据答题内容是否正确酌情给分		
2	考核时间	5 分钟		答题时间超 1 分钟扣 1 分，最多扣 5 分		
	合计		20			

评分人：　　　　　　年　　月　　日　　　　核分人：　　　　　　年　　月　　日

试题 2：命题茶艺节目编创及操作演示（仿古茶艺——刘备招亲）。

序号	考核内容	考核要点	配分	考核评分标准	扣分	得分
1	茶席和场景设计	茶席与场景主题有创新性并贴合命题要求与立意、茶具与色彩搭配、背景及配乐	10	① 茶席与场景主题有创新性并贴合命题要求："好" 3 分、"中" 2 分、"一般" 1 分、"差" 0 分 ② 色彩搭配："好" 3 分、"中" 2 分、"一般" 1 分、"差" 0 分 ③ 背景及配乐："好" 3 分、"中" 2 分、"一般" 1 分、"差" 0 分 ④ 主题阐述："好" 3 分、"中" 2 分、"一般" 1 分、"差" 0 分 本题最多得 10 分		
2	仪容仪表表达和茶艺演示	仪容仪表、表达、服饰搭配、演示动作规范性、演示过程	5	① 发饰、面饰整洁典雅无浓妆："好" 1 分、"一般"以下 0 分 ② 有针对茶品的介绍和演示步骤的解说，条理清晰，口齿清晰婉转："好" 1 分、"一般"以下 0 分 ③ 服饰与茶艺演示及文化特色协调："好" 1 分、"一般"以下 0 分 ④ 演示动作适度有艺术品位："好" 1 分、"一般"以下 0 分 ⑤ 演示过程顺畅、完整："好" 1 分、"一般"以下 0 分 本题最多得 5 分		

(续)

序号	考核内容	考核要点	配分	考核评分标准	扣分	得分
3	奉茶和茶汤质量	奉茶动作规范、茶汤质量	5	① 奉茶姿态、姿势自然，言辞恰当："好"2分、"一般"1分、"差"0分 ② 茶的色、香、味表达充分："好"1分、"一般"以下0分 ③ 茶汤温度适宜："好"1分、"一般"以下0分 ④ 茶水比适量："好"1分、"一般"以下0分 本题最多得10分		
4	收具	收具规范无失误	5	① 收具动作规范："好"3分、"中"2分、"一般"1分、"差"0分 ② 过程无差错失误："无差错"2分、"有差错"1分、"打碎或掉落茶具"0分		
5	考核时间	15分钟		本题茶艺演示总时长超过1分钟以上扣1分，最多扣5分		
	合计		25			

否定项：①在宣布开始后，超过2分钟考生仍不能正常开展考试的，终止其该项考试，该项记为0分。②考生违反考场规定，有左顾右盼等作弊行为者，终止其该项考试，该项记为0分。③考生所用时间不足该项规定时间1/3的，该项记为0分。

评分人：　　　　　　年　　月　　日　　　　核分人：　　　　　　年　　月　　日

试题3：简述茶会创意的设计要求。

序号	考核内容	考核要点	配分	考核评分标准	扣分	得分
1	茶会创意的设计要求	① 概述	3	主要内容：茶会是形式与精神的结合，包含着茶艺美学的本质特征与审美思想。成功的茶会能够渲染茶性清静、平和、儒雅的气质，能够促进人与人之间的融洽交流。在茶会设计时，考虑运用视觉、听觉、触觉、味觉、嗅觉各感官的综合感受及心理感受，从茶会色彩、音乐、布置、茶品及活动设计各方面增强茶事活动对人的感染力 答题内容需基本全面，根据答题情况酌情扣分		
		② 茶会的特性	4	主要内容：茶会具有宴请和会议两者的特点，从而在形式上较为自由，在气氛上更为融洽。在时间、地点、人员聚集、交流等方面具有会议的形态，在一定程度上也可基本完成一般正式会议的议程，形式没有严格的确定性，规模可大可小，完全可根据茶会的内容变化其形式，以适合社会多阶层不同聚会内容的需要。以茶为招待，呈现真挚、平等、亲和的特性，更容易拉近人和人的距离，产生亲切感 答题内容需基本全面，根据答题情况酌情扣分		

(续)

序号	考核内容	考核要点	配分	考核评分标准	扣分	得分
1	茶会创意的设计要求	③ 色彩和视觉	4	主要内容：视觉传达的效应是最为直接的。色彩会给人的心理留下印象及对人的感情产生影响，色彩对周围环境也有着很深的影响。不同的茶会，色彩主调不同，对眼睛及心理作用也不同，有着不同的象征意义和感情影响。在茶会背景中，为体现不同风格茶艺也要求不同的色调 答题内容需基本全面，根据答题情况酌情扣分		
		④ 茶会中的音乐	3	主要内容：美妙的音乐设计可增加茶会的愉悦感。茶会中有音乐，更加幽雅；音乐会中有茶道，更令人身心愉悦。茶与音乐的配合关系可以根据季节而定，音乐与茶的配合可根据茶的滋味、香气、色泽及内质来搭配。音乐也可根据品茗的位置和空间而定。品不同种类的茶，音乐也有所不同。喝茶的人不同，音乐的选择也有区别 答题内容需基本全面，根据答题情况酌情扣分		
		⑤ 茶会中茶与美食的搭配	3	主要内容：适合季节和茶会性质的茶品，精心制作的茶食小点，经过舌尖的品尝，满足了味觉的享受，会给茶会参加者留下深刻而美好的印象 答题内容需基本全面，根据答题情况酌情扣分		
		⑥ 茶会的内容设计和节奏	3	主要内容：茶会活动的设计要新颖有趣，紧扣茶会主题，环节安排紧凑不拖沓，节奏张弛有度，在轻松愉悦的氛围中度过茶会时光 答题内容需基本全面，根据答题情况酌情扣分		
2	考核时间	10 分钟		答题时间超 1 分钟扣 1 分，最多扣 5 分		
	合计		20			

评分人：　　　　　年　月　日　　　　核分人：　　　　　年　月　日

试题 4：简述茶艺馆的有形文创产品。

序号	考核内容	考核要点	配分	考核评分标准	扣分	得分
1	茶艺馆的有形文创产品	① 茶叶与茶具	7	主要内容：茶艺馆本身不大可能去直接参与茶叶的生产、茶具的制作，但是可以设计出产品去厂家定制，这样就成为茶艺馆自己的文创产品了。在设计时应该加入茶艺馆自己的理念。茶叶文创产品设计，可以通过添加配料、改变外观、开发新饮用方法来实现。茶具文创产品设计，可以通过复制古代茶具、设计新的茶具款式、定制茶艺馆的专用茶具、手工制作简易茶具如竹茶针、竹茶则、竹花器等 答题内容需基本全面，根据答题情况酌情扣分		

(续)

序号	考核内容	考核要点	配分	考核评分标准	扣分	得分
1	茶艺馆的有形文创产品	② 茶食与茶点	7	主要内容：普通市售的茶食与茶点不能体现出茶艺馆的特点，因此，很多茶艺馆会自己制作一些有特色的茶食与茶点，客人要想吃这些食物，也只有在这家茶艺馆才能买到。这样的特色食物，既可用来招待客人，也可以作为外卖的食物 答题内容需基本全面，根据答题情况酌情扣分		
		③ 茶书画作品	7	主要内容：这类文创产品有用来装饰茶室的茶挂、茶画；还有一些画在扇子上、石头上的小品，这些都可以放在茶席上作装饰用 答题内容需基本全面，根据答题情况酌情扣分		
		④ 茶服饰	7	主要内容：茶服是近些年开始流行的，开始是茶人们的穿着，现在很多人将其作为日常服饰。茶服饰的风格也要和茶艺馆的风格相匹配，当茶艺师穿着它工作时才会让消费者感受到茶服的美感 答题内容需基本全面，根据答题情况酌情扣分		
		⑤ 茶书	7	主要内容：唐代陆羽的《茶经》是第一本茶书，从它开始，茶书就是最风雅的休闲读物。茶艺馆可以结合泡茶方法、茶健康及茶叶茶具知识编写一些小册子供消费者取阅，既普及了茶的知识，又在消费者心中树立了良好的形象 答题内容需基本全面，根据答题情况酌情扣分		
2	考核时间	5分钟		答题时间超1分钟扣1分，最多扣5分		
	合计		35			

评分人：　　　　　年　月　日　　　　核分人：　　　　　年　月　日

参考文献

[1] 周爱东.茶艺赏析[M].北京：中国纺织出版社，2019.
[2] 周爱东，缪小丽.茶艺师（基础知识）[M].北京：机械工业出版社，2022.
[3] 周爱东，杨岳.茶艺师（初级）[M].北京：机械工业出版社，2022.
[4] 周爱东，韩雨辰.茶艺师（中级）[M].北京：机械工业出版社，2022.
[5] 周爱东，蒋蕙琳.茶艺师（高级）[M].北京：机械工业出版社，2022.
[6] 周爱东，马淳沂.茶艺师（技师　高级技师）[M].北京：机械工业出版社，2022.
[7] 中国就业培训技术指导中心.茶艺师（基础知识）[M].北京：中国劳动社会保障出版社，2021.
[8] 中国就业培训技术指导中心.茶艺师（初级）[M].北京：中国劳动社会保障出版社，2021.
[9] 中国就业培训技术指导中心.茶艺师（中级）[M].北京：中国劳动社会保障出版社，2022.
[10] 中国就业培训技术指导中心.茶艺师（高级）[M].北京：中国劳动社会保障出版社，2023.
[11] 人力资源社会保障部教材办公室.茶艺师（技师　高级技师）[M].北京：中国劳动社会保障出版社，2021.
[12] 周智修，江用文，阮浩耕.茶艺培训教材Ⅰ[M].北京：中国农业出版社，2021.
[13] 周智修，江用文，阮浩耕.茶艺培训教材Ⅱ[M].北京：中国农业出版社，2021.
[14] 周智修，江用文，阮浩耕.茶艺培训教材Ⅲ[M].北京：中国农业出版社，2022.